建筑速写

（第三版）

杨 维 编著

哈尔滨工业大学出版社
哈尔滨

内 容 提 要

本书对建筑速写的基本知识进行了阐述，内容包括建筑速写的步骤、建筑速写的构图与表现方法、建筑局部的描绘方法、建筑配景的表现方法。同时，还以师生问答的形式对重点内容以及学生建筑速写写生时常见的问题加以阐述。并通过大量的作品实例，来表现建筑的艺术形式，以便从事建筑设计的学生在今后作建筑方案与快速设计时更加得心应手。

本书可作为高等学校建筑学专业、城市规划专业、环境艺术设计专业的教材，也可供从事和热爱建筑事业的人员临摹参考。

图书在版编目(CIP)数据

建筑速写/杨维编著.—3版.—哈尔滨:哈尔滨工业大学出版社,2005.3

ISBN 7-5603-1689-1

Ⅰ.建… Ⅱ.杨… Ⅲ.建筑艺术—速写—技法(美术) Ⅳ.TU204

中国版本图书馆CIP数据核字(2003)第081013号

出版发行 哈尔滨工业大学出版社
社　址 哈尔滨市南岗区复华四道街10号　邮编150006
传　真 0451—86414749
印　刷 哈尔滨工业大学印刷厂
开　本 787×1092　1/16　印张12.75　字数300千字
版　次 2005年3月第3版　2005年3月第3次印刷
书　号 ISBN 7-5603-1689-1/TU·29
印　数 7 001～11 000
定　价 22.00元

再版前言

《建筑速写》自出版发行以来，由于其应用面较广，具有较强的实用性、针对性，在教学中收到了良好的效果，得到了从事该专业师生的好评。

这本教材所选的建筑速写作品大多都是建筑学专业和城市规划专业学生大一时的作品，他们入学时大都没有美术方面的基础，经过一年的训练就能达到如此水平十分难得。同时，本书所选这些作品的目的是使初学建筑速写的同学，对他们的师兄们所画的建筑速写有一种亲近感，感觉经过一段时间训练也会达到甚至超过他们，增强了画好建筑速写的信心。

在本书出版两年多的时间里，第一版3000册和第二版4000册已销售一空，而且仍有较多订数，哈尔滨工业大学出版社建议我根据目前的使用情况，作必要的充实和修改。

在本书的补充和修改过程中得到了哈尔滨工业大学建筑学院张伶伶、郭旭、吕勤智、邹广天、赵天宇、刘德明等领导的大力支持；艺术设计系的吴士元、林建群、金凯、王琳、孔繁文、王松华、马辉、韩振坤、王维佳、黄胜红、刘春来等老师也给了我很大的支持和帮助，在此表示衷心感谢。

由于作者水平有限，经修订后书中仍会存在疏漏和不妥之处，敬请读者批评指正。

杨　维

2005年2月

于哈尔滨工业大学

前言

长期以来,美术教学负有对学生培养创造性思维、提高审美能力以及训练表达能力等重要任务。其中,建筑速写写生课是建筑学科各类专业的学生训练的重要一环。

速写是锻炼形象思维的最好的手段之一,速写能使手、眼、心更加协调统一。速写能把对象的主要特征传神地刻画下来。多画速写好处很多,能够积累更多的建筑形象符号,增强对建筑、自然的了解与情感,为建筑设计积累素材与营养,以便在作建筑方案与快速设计时得心应手。

前辈建筑学家梁思成先生曾说:“建筑在我国俗称匠学,非士大夫之事,盖建筑之术,已臻繁复,非受实际训练,毕生役其事者,无能为力,非若其他文艺,为士人子弟茶余酒后所得而兼也。”建筑学正是这样一门专业性很强的学问,故培养一名合格的、优秀的建筑师绝非易事。用形象语言来思考和创造是每个建筑师应具备的素质,能快速地用形象语言来表达自己的思想和创造,更是当今每个建筑师应当具备的素质,因此可以说:速写,边画边想地画速写是培养建筑师的必修课。大量的速写训练可以捕捉收集大量的形象信息,积累对建筑的观察和感受,又可以锻炼组织构图的能力,开阔眼界,拓宽思路,既训练手又训练脑。可见速写是提高造型能力的好方式。

画速写贵在两个字:“常”和“想”。“常”是养成画不离手的习惯,“想”是在画的时候伴随着思考和自我评价。在没有写生对象时,可以记忆默写或以简洁的图式语言进行多侧面的组合创作。在建筑速写写生中,选取建筑素材非常重要,本书的大部分写生作品是画哈尔滨的建筑。哈尔滨素有“东方莫斯科”和“东方巴黎”的美誉,其建筑具有巴洛克、古典复兴、浪漫主义、折衷主义、新艺术运动、现代建筑、中国古典、伊斯兰建筑等东西方各种建筑艺术流派和建筑风格。速写对建筑的风格和特征都作了较为充分的表现,速写手法多样,具有较好的图面效果。

在本书的速写素材选取中,孙洪波、高明、陈曦、陈经纬、兰宇、刘卓、刘延岗、卢迪、丁诚、黄巍、徐忠、曹博、蔡鑫、于宏伟、李琛、高伟、赵秋阳、潘琳、陈旸、皮智博、连旭等同学给予了大力支持和帮助,在此向他们表示衷心的感谢。

在本书形成的过程中，我国著名建筑师梁思成先生、齐康先生、潘玉琨先生、饶维纯先生的建筑速写作品，以及姚波、何重礼、周家柱、诺曼·克罗和保罗·拉塞奥等人的书籍给予我莫大的启迪和帮助，借本书问世之机，特向这些作者和曾为本书提供支持和付出劳动的人士表示诚挚的谢意！

由于作者水平有限，时间仓促，书中的不妥及疏漏之处在所难免，敬请各位读者批评指正。

杨　维

2002年1月

目　录

第一章　建筑速写概论

一、速写的基本知识

建筑速写写生是建筑学、城市规划、艺术设计各专业的必修课之一，建筑速写与其他速写一样。速写是随西方绘画传过来的，在《大不列颠百科全书》中，速写是绘画草图的意思，我们认为速写是一种快捷的绘画方法，它要求在较短的时间内，简明扼要地将对象的特点表现出来，即快速概括地描绘物象。在谈到速写的时候，自然就要谈到对“速”与“写”的认识问题。一般人往往只注意到一个“速”字，而忽略了那个“写”字，其实速写的意义，主要是“写”，而不是“速”。“写”，是一种具体的表现手法。“写”的特点是：概括、简练和肯定。所谓的快与慢只是相对而言的。一张速写可在一两分钟内很简要地完成，也可在两三小时，甚至可用更长的一些时间较具体地来完成。我们所谈的速写，是相对于那些一张写生要用漫长的数十小时的时间，进行深入刻画的精细素描而言的。对速写的认识，不能简单地理解为只求速度。速写的时间长短、速度快慢，是根据不同的情况，不同的需要来决定的。对初学者来说，画速写更不宜图快，还是先多画“慢一些”的速写为好。建筑速写既是建筑专业搜集资料的必要手段，也是设计师建筑素养深化和徒手绘图技巧提高的重要途径，所以，一定要高度地重视建筑速写的训练。

二、建筑速写的作用和意义

建筑速写，是以客观对象为依据进行写生的一种绘画表现形式。因其所使用的工具简单，携带方便，既可作缜密具体的描绘，又可概括迅捷地捕捉一瞬间的感受。一张建筑速写，既是一次作者对所画建筑的观察和感受的积累，也是一次塑造物象形体的训练，更是一次作者组织建筑景象的构图能力的锻炼。就建筑专业的基础训练而言，建筑速写无疑是一种很好的方式。

有人认为，在这信息、电子时代，随着摄影器材的完善，摄影手段的普及，摄影机已进入了家庭，手工劳动的建筑速写会被淘汰，持此观点者，不是无知也是一种偏见。建筑速写在专业上的作用内容广泛，它包括现场踏勘的各种具体情况，如建筑现状、地形、地貌，以及周围环境等，也包括建筑（群）造型、空间、结构、色彩、材质、建筑细部甚至包括平面、剖面的具体处理。即使在允许照相的情况下，上述不少内容，相机也是难以胜任的。我国不少长卷画，它打破了凝固的时空界限，运用传统的散点透视去表述建筑群体、城镇全貌或园林空间，步移景迁的景象，艺术地被显现，这也是照相技术难以奏效的。建筑速写可本着“佳则收之，俗则摒之”的艺术原则去组织画面和剪裁画面，可较完整、艺术地表现建筑造型、空间和空间的秩序。

中央金店立面　高明

横道河子农舍　刘卓

达·芬奇说的好:“画家不能单纯用手和眼睛作画,而要用脑来作画。”对于从事建筑专业的人来说,运用“脑”作画不仅指作画的技巧和感情,更重要的是专业素养的积累和提高。我们在建筑速写中,不但应学会逐步培养绘画的取舍、概括和表达能力,同时,还要培养自己对物象的理解和消化能力,以及提高艺术和空间的形象思维能力。

随着建筑速写技巧的熟练、专业素养的充实,默写能力和速写速度自然会相应提高。多积累形象符号,以及专业上良好的逻辑、形象思维,就会迸发出“灵感”的火花。“灵感”有时出现在案台前,有时出现在车马途中,有时甚至会出现在美梦中。神奇的“梦”,它能充分发挥潜意识的巨大作用,“梦”能对已储存的信息进行再加工,构成了新的创作性思维。但假若空间能力和思维能力薄弱,而徒手画图的功底差,那再好的建筑构思也往往会随着一闪念而来,却在弹指一挥间而逝。有良好的建筑素养和建筑速写记忆的建筑专业的人,就能迅速捉住和发展这一“灵感”。

三、建筑速写的工具应用

建筑速写的工具几乎没有限定,只要是便于携带的纸、笔就可以了。就建筑速写作品来说,选择适当的工具材料为媒介表现建筑,可为作品增添艺术感染力。速写者可按照对自己所画物体的感受,来选择某种材料作为媒介语言。工具材料的不同,展示速写的绘画效果也就不同。

建筑速写可用的工具有很多,如笔、纸、画夹、墨水、颜料、橡皮、刀片等,其中,笔和纸是建筑速写最主要的工具。

1.笔

笔的种类很多,常用的有铅笔、炭笔、炭精条、钢笔、毛笔、圆珠笔、马克笔等,可以根据要表现对象的特点与要求来选择不同的笔。

铅笔——即石墨铅笔。画建筑速写一般选择材质较软的2B~8B型之间的铅笔。用铅笔画建筑速写,线条优美,干净利落,行笔的快、慢,用力的轻、重,甚至灵活地运用铅笔中锋、侧锋,可使线条产生粗细深浅的丰富变化。侧锋也可平涂。对初学者来说,铅笔最容易掌握,也最为常用。

炭笔——即木炭铅笔。虽感觉与铅笔差不多,但色泽深黑,用这种笔画出来的建筑速写清楚明朗,色度变化强烈。能画很细的线条,又能画很粗的线条,用浓墨的线画,犹如毛笔般的概括;用深浅色结合的线,使画面有轻松的层次感。炭笔表现力极为丰富且便于掌握,是画速写的常用工具。

颐园街1号（革命领袖纪念馆局部） 孙洪波

炭精条——色泽很深，基本上有两种颜色，黑色和深棕色，方形条状，用其锐角可刻画线条，用其横面可涂明暗块面，表现力很强，刚画速写的学生不易掌握。

钢笔———一种是普通书写用的钢笔，另一种是专门为写硬笔书法和画速写而特制的钢笔。前者是只画单线，后者表现力则更强一些。用这些钢笔画速写，下笔必须果断、准确，因为不宜修改，所以不易掌握，但是能锻炼准确的判断力和落笔肯定的感觉。用钢笔来画速写要靠线条舒展、柔软、尖锐、钝拙、曲折、流畅等形态和限于线的主旨、分散、密集、交错等来丰富线条内涵与画面的表现。画建筑速写主要用钢笔，所以，一定要掌握好它的性能。

毛笔——表现力极为丰富，是我国绘画的传统工具，但较之其他工具，它携带不便，同时不易掌握，落笔不宜改动，所以下笔之前必须有成竹在胸。毛笔速写的难度相对较大，控制毛笔的性能，运用毛笔的力度，需要一定时间的练习，方能掌握。

圆珠笔——与钢笔相似，工具简单，使用方便，流畅、自如、圆润，适于各种纸张，其特点是以线为主，线条没有深浅变化，可画简单疏朗的单线，也可用排列密集的线条表现层次丰富的画面。

针管笔——属于钢笔类型，高级绘画笔，型号从0.1~1.2，由细到粗变化，使用时要注意执笔要竖一点，否则墨水不易通畅，影响作画情绪，且针管要经常冲洗，特点是层次分明，但要靠换笔来实现粗细变化。

马克笔——马克笔是近年来从国外传入的，其特点是线条流利，色彩艳丽，干得快，具有透明感。马克笔由于可粗可细，粗线条画出的效果粗犷豪放；细线条画出的效果浑厚圆润。马克笔在运笔的过程中，停笔时间不宜长，时间长，画面就会出现类似国画的顿笔，在笔画末端会出现稍重的堆积现象。用好了也可产生非常有趣的画面效果。

2.纸

纸的种类也是很多的，一般来说，都可以用来画建筑速写，画纸的表面是画速写的直接对象，钢笔、铅笔、炭笔、马克笔等都能在纸上留下痕迹。画纸的纹理对速写的视觉有重要的影响，巧妙地加以利用，可以产生各种不同的效果，充满创造力。根据不同的用途可以用不同的纸，以适应不同的画笔。纸的种类大致可分为素描纸、宣纸、新闻纸、高丽纸、水彩纸，以及其他用于书写的纸，这些纸均可用来画速写。笔与纸结合使用时，应注意：用于铅笔、炭笔、炭精条的纸不宜太粗糙和过于光滑；用于钢笔、针管笔的纸宜光滑结实且有一定吸水性；用于毛笔的纸宜粗糙而吸水性应更强。画建筑速写除用白纸外，还可选择各种灰色纸。

圣索菲亚教堂（1923－1932建，建筑师科西亚科夫，砖石结构） 兰宇

3.其他工具

橡皮——用于清洁、擦除错误及缓和色调。有硬橡皮、可塑橡皮等,在建筑速写中不宜多用。

墨水——主要用黑墨水。透明,调和后可产生过渡性的色调,深浅完全由墨水浓度而定。

固定剂——又叫定画液,用于炭笔、铅笔、炭精条速写完成后,喷涂在其表面,防止作品弄脏或者被弄模糊。喷涂时应注意,不要弄湿作品,可先薄薄地喷涂一层,干后再喷一层。类型分为简易型,即无光图层;永久型,即固定,有光泽。素描速写作品一般用简易型定画液。

美工刀——削铅笔,削炭笔,裁纸。在画面刮出效果,但不常用。

速写夹、速写本——不宜太大,以便携带方便。

四、建筑速写的表现形式

建筑速写的表现形式很多,从表现的方法上来分,有单线画法、明暗光影画法、线条和明暗相结合的画法、色彩画法等。从表现工具的使用角度来分,则有铅笔速写,钢笔速写,炭笔、炭条速写,毛笔速写,还有铅笔和色彩相结合来表现的铅笔淡彩速写,以此类推,还有钢笔淡彩和炭笔淡彩等。

使用不同的工具,或使用不同的表现方法,它们最终所产生的艺术效果也就各不相同。这里只有形式之别,不该去作好坏之分。作品的好坏,只能取决于作者本身的艺术素养和功底,使用何种表现形式的工具,一是从本人习惯的适应性;二是从所表现对象内容的适合性这两方面来考虑、选定。对初学者来说,要紧的是首先认准哪种形式和工具最适合于基本功的训练。

从基本功训练的角度来讲,在诸多的表现形式中,通常比较好的是采用线条的表现形式。因为线条最单纯,也最明确,表现对象含糊不了,再从这一角度来选择作画工具,显然,铅笔和钢笔(或针管笔)为最理想。

教育书店(原松浦洋行)　陈曦

第二章　建筑速写的步骤

一、立意取象

建筑速写在开始画之前，一定要想想怎么画，如何落笔，即所谓“意在笔先”，所以，不单单是画的技法的问题。其中，作建筑写生时的着眼点不容忽视，画画要有立意，要有想法，着眼点就是基于这两点要求，对所画景物做出的一种有意味的内容选择。画同一个景，因作画时的着眼点不同，而在作品中所反映出的内容和情调就会产生很大的差别。要整体观察所画物象，这是画速写不可缺少的过程，也就是从大处着眼，体会物象外部的形和内在神的变化，把握第一印象中的感触或者打动你的地方。在这个过程中，需要我们从不同角度去选择最佳视角，当确定作画角度与位置时，再进一步观察研究，并强识默记。

当我们将物象的一切“成竹”在胸时，就可以下笔了。其实在下笔之前，我们已经用“心”在空白的画面上营造好了形象、布局、构图等因素，所以，下笔要“稳”、“准”、“狠”。“稳”是指我们在对物象进行深入观察，研究理解之后，下笔时果断、沉着、不忙不乱；“准”是指在下笔时提醒自己“一步到位”，不能犹豫不决，含糊其辞；“狠”是指下笔运线一定要肯定有力，切忌纤弱、浮滑，将第一印象的感受寻找一个大的外形来表达，抓住主要的结构构线、动态线。

在抓住大的感觉之后进行深入的刻画，有取有舍，有主有次地组织画面，不得盲目地、毫无思想地照抄物象，再看画面上是否达到了自己第一印象的认识和感触，回到整体来，稍作调整收拾，最后完成。

二、整体—局部—整体画法

在对建筑进行写生时，整体观察的方法是造型艺术必须遵循的基本规律。先从整体出发，把握所画物体的整体关系，把各个部分联系起来观察，形成一个有机的整体。在具体写生时，首先，要画出建筑的大的结构、形体、比例和透视关系；然后，再深入刻画局部；最后，再从整体把握整个画面的效果。这种方法比较容易掌握，初学画速写的同学比较适合这种画法，下面再详细阐述一下具体步骤。

江畔餐厅(1930建，建筑师大谷周造） 陈曦

江畔餐厅(1930建，建筑师大谷周造)　陈曦

首先，勾画出大体轮廓。在对景物写生时，先用铅笔或用“点”定下景物的大体布局，并勾出景物的轮廓；在布局和勾轮廓的同时，进行仔细观察，明确景物各部分的比例关系、透视关系等；结构复杂的景物，还需画出景物的一些消失线、消失点作为辅助。在大轮廓基本准确的基础上，再用线把画面中所需表现物象的形和结构进一步交待清楚，力求画的准确，为下一步的刻画打下基础。

其次，建筑速写的局部刻画。通常作铅笔或木炭速写时，大多采用由淡到深，层层加深色调的画法；钢笔速写则不能这样，而是要求一次完成各个局部景物的刻画，因此，落笔之前必须仔细观察所画对象，比较前、中、远景物的色调差异，准确地去选择所使用线条和笔触。画面上什么景物先画，什么景物后画，要从整个构图出发，做到胸有成竹，有条不紊。刻画局部时，务必要时时注意到整体。每个局部形象的刻画，不仅是最花功夫，也是决定成败的一步。

最后，统一调整。当完成各个局部景物的刻画之后，就要对整个画面进行统一调整工作，使各个局部之间更加协调。调整要从整体出发，通过调整画面的黑白布局关系，使作品更加完整。作钢笔(针管笔)建筑速写也可以不用铅笔去打轮廓，而是直接用钢笔进行勾画，这样，可不受铅笔轮廓的限制，较自由地发挥钢笔线条的神采。

三、局部展开法

局部展开法，顾名思义，就是从画面的一个局部开始刻画，与整体—局部—整体画法不同的是，这种画法是集中精力从一个局部细致地加以刻画，基本上是一次就把这个局部画得比较完整，然后再推着向四周展开，一般来说，选择的这个落笔的局部，就是画面的视觉中心。此种画法看似简单，其实很难把握，要求在落笔之前对画面的构图、景物的布局、透视的变化、色调的明暗远近层次，以至于使用什么样的线条，都要做到心中有数，下笔之后要一气呵成，不能拖泥带水。此种画法不适合于初学者。下面再具体阐述一下局部展开法。

首先是观察分析，通过取景框可以看看远景、中景、近景，分析一下哪里是视觉中心，哪里是需要淡画的，以及各个景物在画面所占据的空间。通过观察分析，一般来说，远处的物体是整个画面中的虚景，因此画起来色调不宜太深，可采用直排线加点来表现；中景要考虑建筑物的黑白对比度，不能强于近景，可用多变的线条描绘，以与远景相区别；近景是整个构图的中心，如果用明暗

教育书店局部(原松浦洋行)　　高明

江北新桥　　高明

的方法来画近景，应用深色调表现，以加重分量，使之在构图上起到平衡和增加画面变化的作用，如果是近景中的阴影部分，则要用深色调表现以加强其深重感，增加画面的分量。地面的投影一般用横排线表现(局部展开法的线条主要是用钢笔和针管笔来画)，浅淡而有变化。通过以上观察和分析，对各局部景物在整个画面中的作用做到了心中有数，于是可以下笔构图了。

其次是落笔，一般来说落笔是从视觉中心，近景开始展开，以这个位置作为一个坐标，以便确定其他景物的高度和位置。画完前景接着向其他部位展开画远处的景物和中景，抓住建筑物的大小、高低比例，画准建筑的透视非常重要。

建筑速写采用画完一个局部再画一个局部，由此及彼地局部展开画法时，需时刻盘算每个景物的位置、比例和色调关系，不能掉以轻心，务必保持落笔前对景物观察分析的整体印象。每画完一个局部都要提醒自己，不要使局部脱离整体。

局部展开的画法，一般线条只做一次铺画，不多作叠线。这种画法对于初习速写者的人来讲，可能会产生一些困难，但经过一段时间的练习，是不难掌握的。

总之，面对繁杂的景物进行扫描，切忌照搬自然，避免画面杂乱无章，不知所云。对景物进行观察、选择、取舍，才能更主动明确地把握画面。要选择自己感兴趣的并有一定典型性的场景对景物构图，还要进行裁减和取舍。突出中心景物，对构图不利和无关的物体可适当移动位置或减弱删除。主次景物在形状上要呼应联系，在线条、明暗上要互相对照映衬，协调画面。物体在画面上的布局及其分割关系，既要平衡又不能呆板乏味，使大小物体面积形成对比、左右呼应，在组合上重叠交错，在对称中统一。以基本形体和构图框架为基础，从整体入手进行刻画，以画中心景物为主，对其基本形、结构关系、重要细节交待清楚，使主体突出，表现出近、中、远三个层次关系。近景有结构和一些细节表现，中景可适当概括，远景只画出形体轮廓即可，与此同时，适当调整构图中不理想的地方及深入时脱离整体的局部，保持总体印象的统一和鲜明，力求达到画面最终的统一和完整。

在建筑速写写生中，选景构图、整体深入、局部刻画及整体调整并非是一个程序化、公式化的步骤，它们常常是反复交替的，要灵活运用整体的观察方法、思维方法才是关键。

哈尔滨铁道贸易公司局部(原私人住宅,邮局,1911建)　　陈经纬

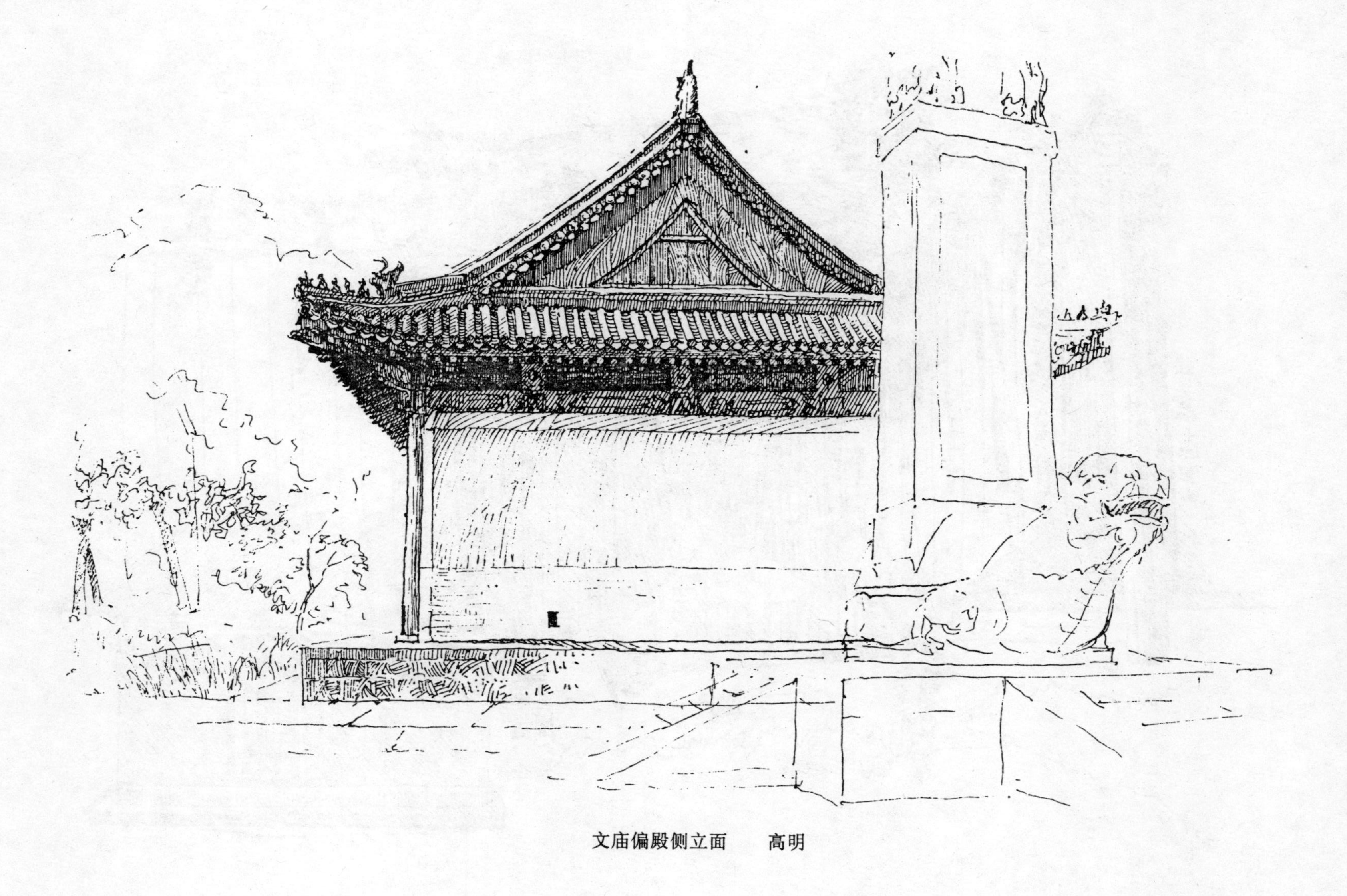

文庙偏殿侧立面　高明

横道河子的早晨　高明

第三章　建筑速写的构图与表现方法

一、构图的目的

构图对一幅建筑速写来说是首要问题，有关这方面的专著或文章已很多且详尽，在此不再赘述，只希望通过阅读本书后清楚，构图在我们写生时首先意味着什么，以及最终要达到的目的。

在建筑速写写生时，构图首先意味着选择、从属和强调，简单地说，就是将进入画面的诸要素组织成一个可以表达明确意图的整体，这样，构图就不是一般意义上的一个作画步骤，虽然在一开始的轮廓阶段就完成了对画面的总体布局，但是，我们还是应该把构图理解成一个由始至终的画速写过程，这种动态的构图观可以使学习者认真地对待进入画面的每一种事物甚至每一笔。但是，要将心像清晰地转化为视觉图像，就应在初稿成形之后进一步进行深入描绘。在这个阶段，实际的景物便成了可供创作参考的资料库。我们真正关注的是我们笔下的世界，为此，我们必须高度重视进入画面的每个形状、每一块色调，因为它们都在影响着构图。在风景写生中，构图经常是一个全程的经营，不到最后一笔很难说完成。

"构图"是一幅速写的骨架，"均衡和多样统一"是其遵循的基本法则。形象在画面中占有的位置和空间所形成的画面分割形式，直接影响到画面的好坏、平淡与新奇。

通过物体数量的转移和增减或通过深浅色块及点与线的面积分布来实现构图平衡。画面好比是个天平，以中心为支点，这些物体、色块、线条的疏密对比，在空间组合上构成一种节奏；视觉上活跃、柔美的曲线与静止、挺拔的直线既对比又丰富了画面的用笔；黑白色块之间在呼应衬托中寻求平衡的明暗对比等，这些手法相互联系，灵活地运用在构图中增加情趣，打破了呆板的组合形式。此外，作者运用线条、明暗、质感、形体和空间等要素，使画面产生不同的运动节奏，或是迅速的、热烈的，或是缓慢的、微妙的。构图的节奏也可以像走路唱歌一样，有关成分有规律的重复产生节奏感，这里的重复并非是简单的等量重复。重复一个形体的颜色、明暗关系、线条是创造统一的最佳方式，予以情趣，并与画面其他单元相关联。此外，作者运用线条、明暗、质感、形体和空间等手法与画面其他单元密切关联，从而使构图既生动又活泼，既多样又统一。

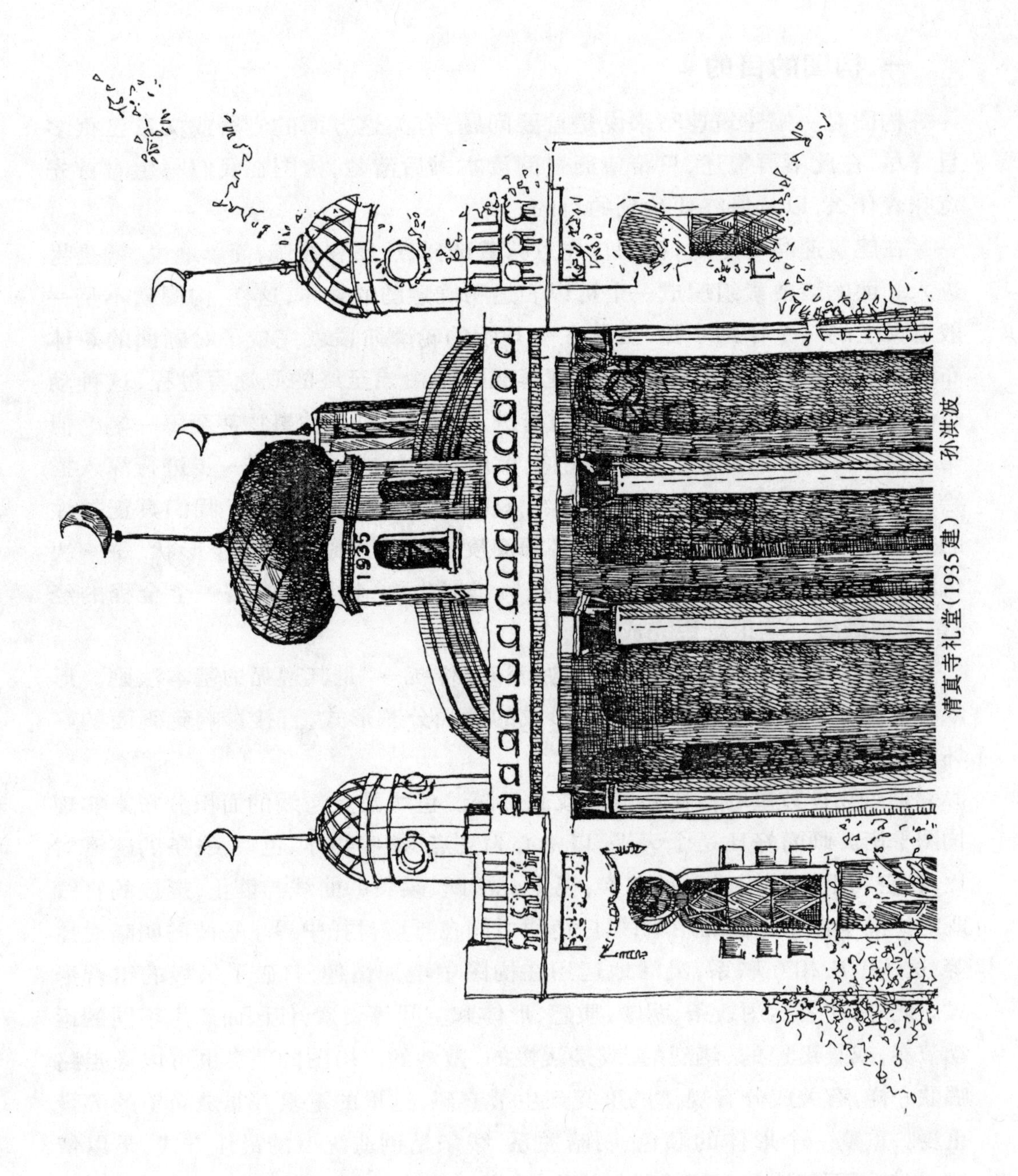

清真寺礼堂（1935建） 孙洪波

中国画把构图称做“经营位置”(也称做布局、章法),把构图一词的含意表达的十分清楚,其意思是说各种绘画因素(如线、形、色等)在画面中的位置安排即是构图。构图是一门单独的学科,容量很大,本书很难进行全面涉及,这里只列举构图的最基本法则。

建筑速写写生是一种空间艺术,在有限的纸张上如何安排所要表现的形、线、黑、白等空间分割的问题,所要画的东西在画面中有多大多小,是上是下,空白留多少,留在什么位置上比较合适等等,这是画速写首先遇到的问题。

构图的基本规律是在多样统一变化中求得均衡。我们速写的画幅是有限的,要想从有限的画幅中求得无限,依靠的是多变,多变忌讳的是重复的对称,在不对称中求得线、形、色的相对均衡,求得视觉上的舒服。画速写一般要注意主体物在画面上的稳定和舒展,要使环境空间布局合理有序,不要使画面出现顶天立地、杂乱拥挤、悬吊半空的毛病,否则在视觉上就会造成不舒服的感觉,是不会带来美感的。

尽管前人创造了许多美好的画作,也总结出许多构图上的形式规律,但构图处理并无固定的模式,构图往往是因人因物有感而发,一切为了画面所需进行构划。现代人往往冲破旧式的均衡、稳定与和谐,出新奇而制胜,去寻求一种新的平衡达到新的稳定和谐,去强化新的画面形式美感和冲击力,以崭新的现代构图方式展现,也许更符合现代人的审美需求。

二、画面的疏密关系

任何一种艺术,都讲究对比的艺术效果。无对比则平淡,对比无度则杂乱。其他绘画艺术可通过色彩、黑白、浓淡等对比手法去获得体量感、层次感。而建筑速写的线描画法则是别具一格,它通过线条疏密的组织,繁简的处理和异类线型的运用等技法,去获取线描画对比的画面艺术。

建筑速写的线描画法的“疏密”指的是单位面积内线条密度。“繁简”是指用线描表现对象时,运用较复杂或是较简单的线描技巧。疏密繁简程度不同可取得黑、白、灰的画面效果,也就是画面各部分有不同的“亮度”(“白”的亮度高,“黑”的亮度低)。

建筑速写在画线时,疏密、繁简和取舍是此画种的“精髓”,对初学者来说确是个难关,因为他们对画面效果“胸无成竹”。面对复杂的景物,他们缺乏分析、理解、概括和提炼的能力,常是“依冬瓜画葫芦”,见“繁”画“繁”,见“简”作“简”,这种简单纯“真”作画是画建筑速写的大忌。作画时,由于从画面构图、布局、主从、层次等关系出发,经常会运用繁物简叙、简物繁述的技法。只要勤学苦练,加强理解,就能逐步掌握此技法的“奥秘”。

横道河子俄式建筑　　陈经纬

疏密繁简技法运用得当,就能把较复杂的空间层次有条不紊地表现出来。技法运用的要点是交错运用线条亮度对比手法,注意焦点景物做重点刻画,这样较复杂的空间层次或群体建筑也可秩序井然地艺术再现。我国传统的书画创作有“宽能跑马,密不藏针”的“聚散”理论,这重要的艺术理论是线描绘画疏密繁简技法的理论基础。

线条类型有曲、直、方、圆之分。曲线、细线，一般适宜表现流水、轻纱、云烟等轻柔之物，但也有以曲线刻画坚硬，如塑性建筑、海石、黄蜡石、曲面玻璃、金属等。直线、粗线，常用来表现建筑、石壁、金属等刚劲物象，也有以直线表示轻柔之物，如窗帘、轻纱、瀑布等，刚柔恰当相互烘托，更能显示画面的张力。在莱特大师手绘的“落水别墅”建筑画中，刚劲的直线建筑、曲线山石，柔和的曲线绿化、直线流水……曲直交替，刚柔并举，画面丰富活跃。

三、虚白处理

铅笔速写画、钢笔速写画属于黑白艺术，黑色要靠我们画上去，而白色则要善于利用纸地，以一当十，这大概就是为什么色彩画必须铺满画面，素描速写则无须强求、可随机应变的原因吧！

为使表现主体明确地从其环境中突显出来，建筑速写在构图时常会利用媒材的黑白特性对画面的四角作大胆的虚白处理，这样做的优势在于，一是可以使平面的布局形成生动的图形；二是可以借此舍去无用的因素以增强构图的凝聚力；三是可以利用对事物的淡化处理强调空间的表达和趣味中心的突出；四是能暗示画外的空间，为画面增添想像的余地。

上述有关建筑速写画构图的种种特点和技巧，读者可以在本书采用的大多数图例中详加领略，应特别指出的是，这些方法和技巧不是呆板和一成不变的，它们之所以有效，正在于它们颇富弹性，可以灵活机动地处理各种不同的景物。事实上，所有的构图原则都只是指南性的，是画者用来把所有构图因素结成一个和谐而富于表现力的整体的思考，绝没有现成的公式。要提高对构图的敏锐感受力，多实践、多体会是很重要的。

高亮度“线面”和空白为虚，一般以此技法表现较薄和较虚之物；低亮度“线面”和黑块为实，常以此突出画面主题。线描绘画中，焦点景物作实刻画，余为虚写。“飞白”——空白画面技法，是我国传统绘画的特殊技法，在白描绘画中运用极广泛，“飞白”可演示云、烟、水、树、雪、阳光、天空、墙面等物象。“飞白”是画面的重要组成部分，因而有“计白当黑”的精辟论述。整个画面“聚散”无度、线条满铺，易给人们气闷、窒息，“飞白”能为画面增添活力和生气。“飞白”常给人们留下更多思索余地，有不尽之感。

四、建筑风格的不同表现方法

画建筑物的表现形式是多种多样的，有写实的，有装饰性的，有用白描勾勒的，有以明暗块面来表现的，甚至有抽象变形等各种画法。我们这里所指的是写实的画法，根据画者面对某一建筑物及其环境所得的感受而选用相应的表现形式，是从写生画的角度去表现以某建筑物为主的单色绘画，力求生动地表达作者的感受，与建筑设计的建筑画不同。

哈尔滨市天主教爱国会(圣阿列克谢耶夫教堂,1930－1935建，建筑师斯米尔诺夫·托斯塔夫斯基)

卢迪

公司街32号住宅（砖木结构） 兰宇

建筑速写在构图法则、突出重点、表现空间层次和环境气氛等方面与其他风景速写和写生画的要求是一致的。但由于建筑物的造型比较规则，一般房顶墙面、地面的材料质感明显，有明显的组织排列规律，结构严谨，线条横平竖直，一般来说容易画得呆板生硬，为了表现建筑物的特点，在绘画时要注意表现出它的坚硬、挺拔和体积结构的质感与量感来。因此，在写生和速写时要注意以下各点。

第一点，要选好角度，定好视点，注意透视。我们面对某一建筑物写生或速写，必须选取能够突出该建筑物的立体感和结构美的角度。一般来说，采用成角透视能较好地表现建筑物的立体感，能使建筑物的轮廓线条富于变化。因为成角透视比平行透视生动，而且使建筑物显得立体感强。如果想表现建筑物平面结构的美，或建筑群与周围环境的联系，则可采用高视点俯视的画法；如果想表现该建筑的巍峨高大，以及外轮廓的美，则可采用低视点仰视的画法。但无论采用什么角度，在一个建筑物中透视要准确、统一，与人物的尺度比例要适当。

第二点，要抓基本形，突出重点，注意表现空间、质感。画建筑物时首先要抓住建筑物的基本形和结构，抓住房顶、基座、墙面的比例关系和特点。要画好建筑物还应适当加强有特点的重点部分的刻画，如门楼、窗户、房脊、柱式、入口台阶等局部。可以利用构图的手段，或利用光影的对比、虚实的对比来突出重点，概括其他非重点部分。对琐碎的装饰花纹可以概括地画出其整体的感觉。对房顶、墙面及地面等，因使用材料的质感不同，或因有明显的排列规律，都不必面面俱到细致刻画，而应适当概括地表示出整体的大感觉就可以了。

第三点，要注意描写建筑物与环境的关系。生活中任何建筑物都与环境分不开的，它们之间的关系是非常密切的。我们以建筑物为主来作画，不应忽视环境的描绘。比如，我们画东北林区的民居，整个房子用木材盖成的，没有一砖一瓦。在这样的房子周围往往堆着许多成段的木头，甚至堆得像围墙一样。屋后就是一片白桦林，较远的山上全是森林覆盖。这种圆木盖的房子与上述的环境谐调统一。如果把这种房子捆到一个车水马龙的现代化城市街头上，则格格不入，不伦不类。又比如，有些古老的房子，经过年深月久的居住和损耗，门口前的石台阶已经被磨损得凹陷下去，墙角已经被损伤，露出里面没棱没角的砖块或土坯来。又比如，我们画一片现代化的城市高层建筑，它们周围的环境必然是经过美化的：花园，修整过的树木、花坛，宽阔的柏油马路，现代化造型的路灯等。写生时，虽以建筑物为主，但只有把环境与建筑物一起来描绘，并把它们看成为一个有机的整体，全盘地考虑它们的主次、虚实和空间层次关系，相辅相成，相得益彰，才能增强画面的艺术感染力。

描绘建筑物的关键是准确掌握建筑物的形体比例和透视关系。在一般情况下，近景建筑物的深色部分要比远景建筑物深色部分更深一些，近景的明亮部分要比远景的明亮部分更明亮些。

哈尔滨马迭尔宾馆(原法藉犹太人宾馆，1913建，砖混结构)　　兰宇

画建筑物在用线方面可做如下选择:近景宜运用变化多样的排线来描绘,中景线条变化要简单一些,远景要再简单些,甚至用统一的平行排线,画一些淡灰色的调子也是可以的。

建筑物有较规则的形体,画准建筑物各部分的透视关系尤其重要。作画时最好先画出建筑物的透视线,确定下屋顶、墙壁等物的消失点,这样容易检查纠正形体不准的地方。

不同的建筑材料有不同的质地,要表现好建筑物,必须注意对建筑材料质地的刻画。例如,沿河建筑物,靠近河水的部分是用石块垒成的,描绘时用短排线加斑块笔触来刻画,容易表现出质感。房顶用不规则的弧线去刻画,质感也表现得比较好。一些旧建筑的墙壁,经年累月,多有黛痕,注意这些细节的刻画,也可以增加画面的情趣。

城市中有些别墅式住宅,用钢笔来描绘也很入画。例如,“拉毛水泥”墙壁,是用交角线小的短排线组成的线网来表现的。建筑物的门窗一般都用深色来表现,画好门窗犹如画龙点睛,能增加建筑物的美感。建筑物的样式丰富多彩,选择优美的建筑物来做主体,可以得到较理想的画面效果。例如,要表现江南水乡的建筑物,青瓦粉墙,深灰瓦片,加上大片的树木,画面很出效果。

古建筑是我国民族的瑰宝,大都可以入画。图中着意刻画古塔的每个面,获得较强的立体感,增加了画面的生动性。古代建筑在园林风景中犹具特色,描绘那些耸立于园林之中的建筑物时,应特别注意对周围环境的描绘,以加强衬托作用。

河南郑县开元寺塔　梁思成

秋林公司(原秋林洋行,1904~1908建)　兰宇

第四章　建筑的局部描绘方法

在生活中感触到新鲜、生动、富有情趣的人和物，通过速写把它记录下来，这就是所谓的“有感而发”。面对各种风格的建筑和不同造型的民居进行写生，可以说是一种令人兴奋的体验。只要你选择的主题或题材能够激发与笔所表现相吻合的感官特质，足以使整个的作画过程变得激动而兴味盎然。速写画笔触小、画幅小且色彩单一，因而对技巧的要求也就高一些。何况在写生时总会碰到不同的材料、不同的质地的建筑物，给描绘过程带来种种刺激和挑战，从而也就更加突显出绘画技巧的重要性。以下将结合典型图例，对常见的几种营造材料和主要建筑要素的具体描绘方法做介绍，相信通过对这些方法的学习和运用，将有助于学习者建筑速写表现力的增强。

一、建筑房顶的画法

描绘建筑屋顶和画树叶、砖墙一样，要避免犯琐碎、雷同或面面俱到的毛病。画时应先根据画面预期的明暗格局确定屋顶的色调值，再考虑屋顶所处的景段(是近景、中景，还是远景)，然后才确定瓦片的具体处理手法。

处于近景的屋顶，其瓦片通常可绘以较详细的瓦线，画时可先以宽锋线依瓦槽的方向断续铺出底色，而后由檐口开始依照透视的状况自下而上地用短小弧线勾勒瓦片，要避免笔触过于均匀整齐，用笔要虚而松，时而以色调概括之，时而露出昆线、留出空白，以求避免单调呆板，并使之极好地表现出光感。

画较远的瓦顶时，由于距离的作用，瓦片的细节虽能看清，但其密度却增加了，因而，刻画时应以较为细小的笔法，并适时地用宽锋色调加以虚饰概括，以便生动表现特定的距离感。处于远景的屋顶是不可能看出瓦片细节的，但是瓦槽线条还可能依稀看到，总体而言，已变为一片平灰的色调，此时，铺色应以瓦槽的方向运笔，宽锋线可时疏时密地构成灰色瓦顶，既体现瓦顶的肌理，又加强了视觉效果。极远的屋顶会连同房屋一齐呈剪影状，故画时应排除所有细节，以均匀的浅灰色画出，如此，可很好地表现出深远的空间效果。

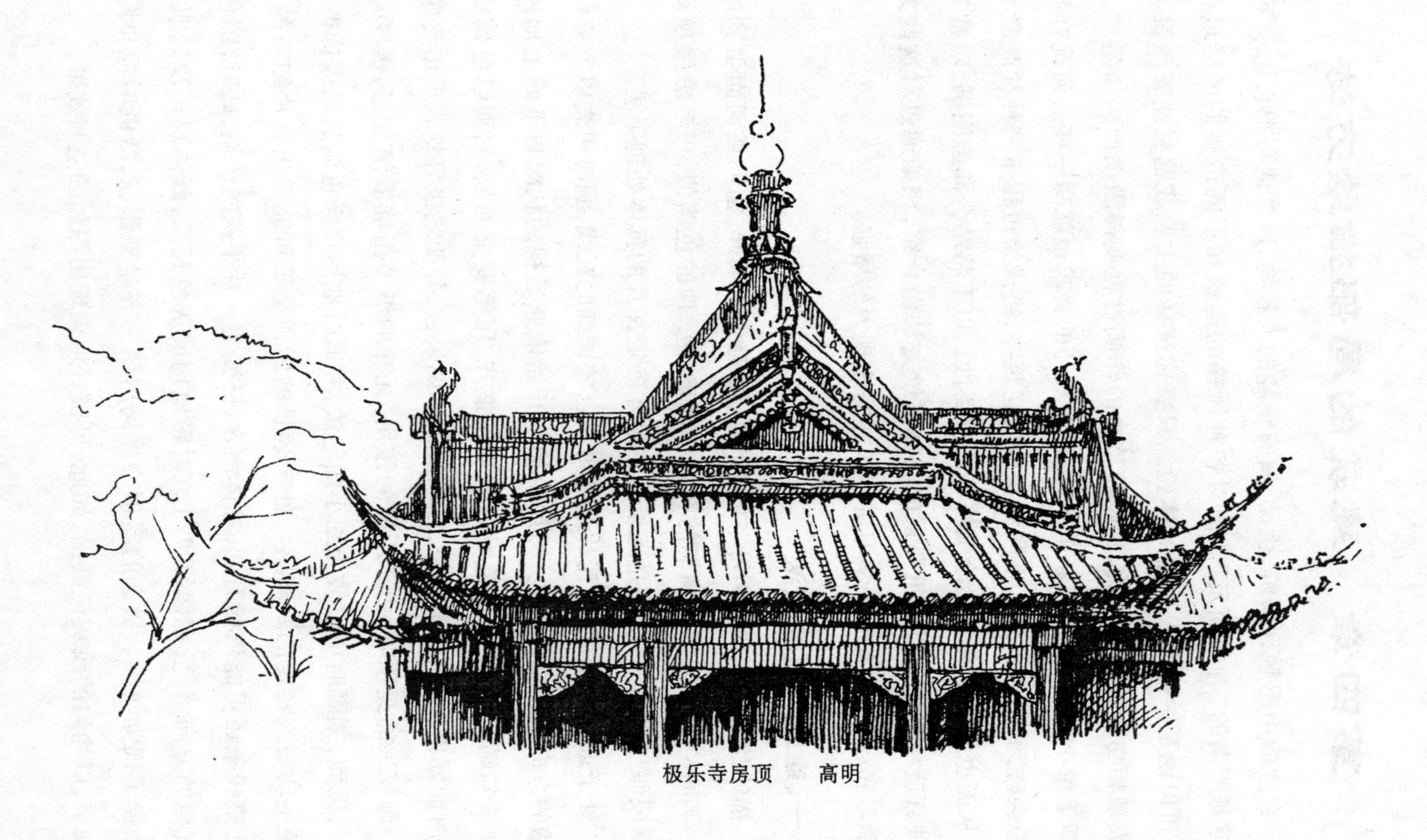

极乐寺房顶　高明

欧式教堂房顶　　陈经纬

二、门窗与孔洞的表现方法

门窗是最基本的建筑要素，所有的建筑几乎都要考虑门窗的设置，但打开的门窗看上去总是漆黑一片，所以这个问题在实际中是一种状况的三种表现，最终都要解决孔洞的描绘。对漆黑门洞的表现恰恰不能以漆黑的色块去填充，而常常需要某些独创性的处理，否则，画出的门洞势必会因其平板的黑色而失去空间之感。另外，将门洞涂得漆黑也缺乏表现上的活力，如果所描绘的门洞很大，那么大面积平板的黑色块，还会给画面带来很负面的破坏作用。因此，在描绘较大的门洞时，我们需要以笔触的变化去破开这块黑色，处理时可用干脆利落的笔法进行方向不同、力量不同的排线描绘，这样就使得门洞的色调具有了明暗关系，由于方向和力量上的微妙变化，黑色块具有了较强的绘画性和趣味性。笔触的线条之间可随机留出些空白线或点，以此来创造门洞内部的光线，使之产生诱人的通透感，同时也创造出富于情趣的视觉效果。

作为初学者，尤其是那些整体观察观念尚未稳固建立的人，在画较大的门或其他孔洞时，可将其作为画面中的重色块首先画出，以便为整幅作品的色调值建立基准，提供比较的依据。

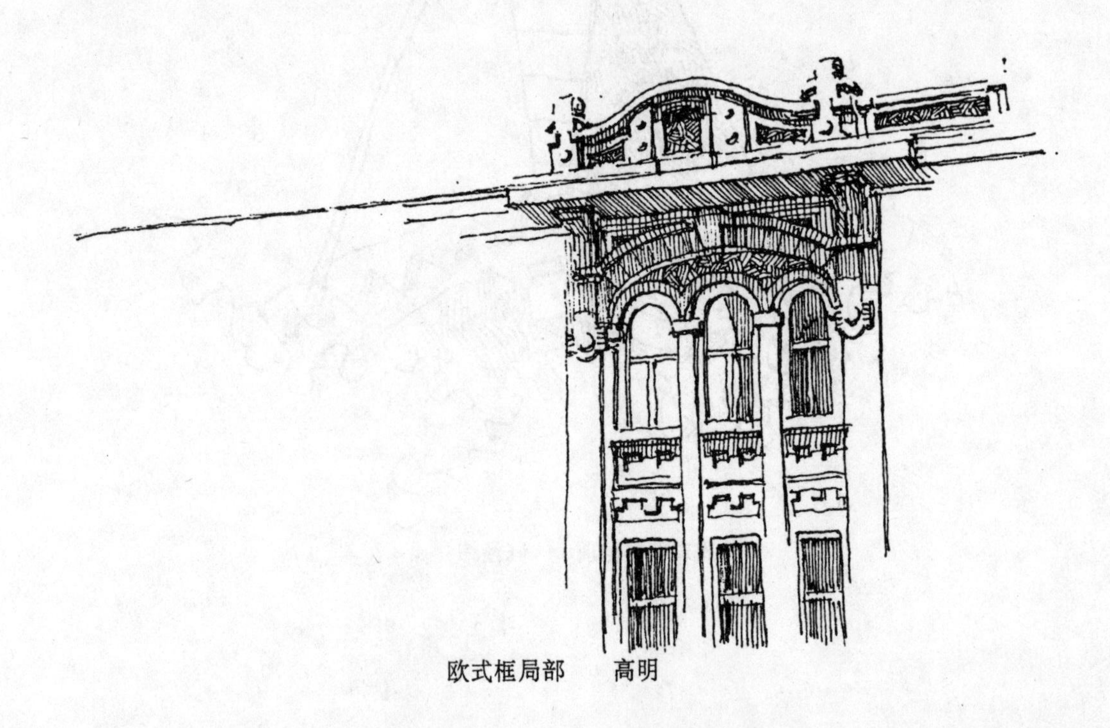

欧式框局部　　高明

画窗户通常比画门洞要容易和生动，因为玻璃在不同的角度和不同的光照下会呈现出黑白灰的变化，利用这种现象，在画玻璃窗时，我们可以对色调比较单一的玻璃窗做出主观的处理。为了使玻璃看上去透明而生动，可用不同的笔法或空白加强其变化，对于这些细节的处理可以从形式上培养一个人的敏感性和独创能力。

三、砖石的表现方法

砖块的体形较小，形状相同，砌筑样式整齐划一，所以，在画砖墙尤其是大面积的砖墙时，最怕出现的问题就是每块砖头都难以割舍的描绘。那种密密麻麻的铺排代表砖块的笔触，会导致视觉毫无意义的忙碌和疲劳。

实际上，画砖墙大可不必将每一块砖如实地按其砌筑方式整齐地罗列出来，其道理与画树叶极为类似。如，若画一栋墙皮剥落殆尽、青砖结构暴露无遗的古屋，为使整个墙体显得破落而凝重应先将总体色调的布局做大体构思，然后用宽锋线铺排底调，将宽笔触的宽度控制在与砖头比例相符合的状态，并以干脆的运笔画出时断时续的底调，其间，随机留出一些空白，为第二层描绘做好准备。上部的留白区域被最后表现为残余的白色墙皮，而下方的空白则是一种概括手法——用表现光感的方式来省略繁琐的砖块，不仅为消除墙面的单调增加趣味性，更为推出前景中的暗色平房建立明亮的背景对比。

在底调铺完之后，运用尖锋画出的细线将某些砖块加以强调，这种手法可使砖的感觉更加突出、生动。某些区域中的斜线安排是为打破砖块水平排列的单调感。这样一些概括性和象征性的手法，我们可以在更多的图例中领略到，用得恰当是可以为画面增添活力的。

石块虽不像砖块那样碎小，但平铺直叙地描绘，同样会使表现乏味。画石墙要注意石块与人和物的比例关系。对一般的民居而言，石块画得太大不合比例，太小则反类砖头。当然，对于一些纪念性或宗教性建筑而言，运用较大型的石块砌筑墙体则属常事，因为大型的石块容易在尺度上造成庄严和崇高感，自然就极易配合建筑形成氛围，表达其内涵。画石头时，应首先建立色调细微的明暗关系，而后有主、有次、有虚、有实地刻画出砌缝。应当学会在适当的地方留出一些空白。这些空白使画面产生明亮的效果，即便在阴影中也应适时地留白，以使暗面通透响亮。

哈尔滨革新街教堂　　卢迪

吕卡蒂府邸（佛罗伦萨）　梁思成

四、木质结构的表现方法

木构的屋宇南北方皆有，北方木屋的建构方式是比较粗犷的，不是将圆木锯成完整的长板做横向拼构而成，而是干脆将一根圆木从当中一分为二，平面朝里，弧面朝外做横向或竖向的构筑，其外观的形式相当整体而大气。

木构屋宇分布比较广的地区大多是南方，在大多数的江南市镇中，我们至今还可看到它们的身影。但要真正领略其群体风貌，非去比较偏远的、欠发达的地区不可。它们在外观形式上不尽相同，有着各自的地域风格，但其构筑的方式却是大同小异，不外乎横板竖板在梁柱等构架间的拼合连接，所不同的是有些在修筑工艺上比较严整而有序，透出明显的设计意味，有些则显得随机随意，颇有些“即兴创作”的味道。

无论从材质还是构筑的形式上看，木构屋宇都极适合铅笔的宽锋表现，木板与宽锋线在形状上极其相似，故而在描绘木板的组构上，宽锋线有着丰富的表现力。在具体描绘时，先把铅笔芯研磨成适合的宽度，并在非正式的纸面画一下看宽度是否合适，一切就绪后即可落幅动笔。

在画木板时，首先要考虑横向或竖向木板哪种方向的木板占有绝对优势，从整体到部分均以竖板拼合为主，这就可以确定在描绘时采用竖向线条的排列。宽锋在落笔时要果断有力，笔触的色质要均匀平滑，边缘清晰。笔在运作过程中时而会重叠，时而会分开，分开时在两笔之间会留下一些细窄的白线，它们就形成了木板上的亮光。此时，可用尖锋线在一些灰线条的边上提出深色细线条，木板间的裂缝效果就有了，平面的排线组织也同时具有了立体结构的趣味。

至于哪些板留白，哪些板加重，一要根据画面明暗结构的需要，再就是要凭当时的感觉驱使了。一幅绘画要由无数根线条组成，理智是不可能对其作具细的安排，只有依靠感性的觉察才能做到整体上的控制。

最后还要特别强调的一点是，不要脱离整体的表现去孤立地研习技法，因为建筑速写是需要在同一时间内兼顾许多的学问，一种技法的妥当与否，运用得熟练与否，是必须放到特定的整体中去具体地加以考察。所以，学技法最好的途径是从具体的画面描绘开始。事实上，学习建筑速写的各个环节都必须落实到具体的画面中，而不仅仅是技法，这也正是本书中很少做分解图示，而以具体作品进行讲解的原因所在。

横道河子镇一角　　刘卓

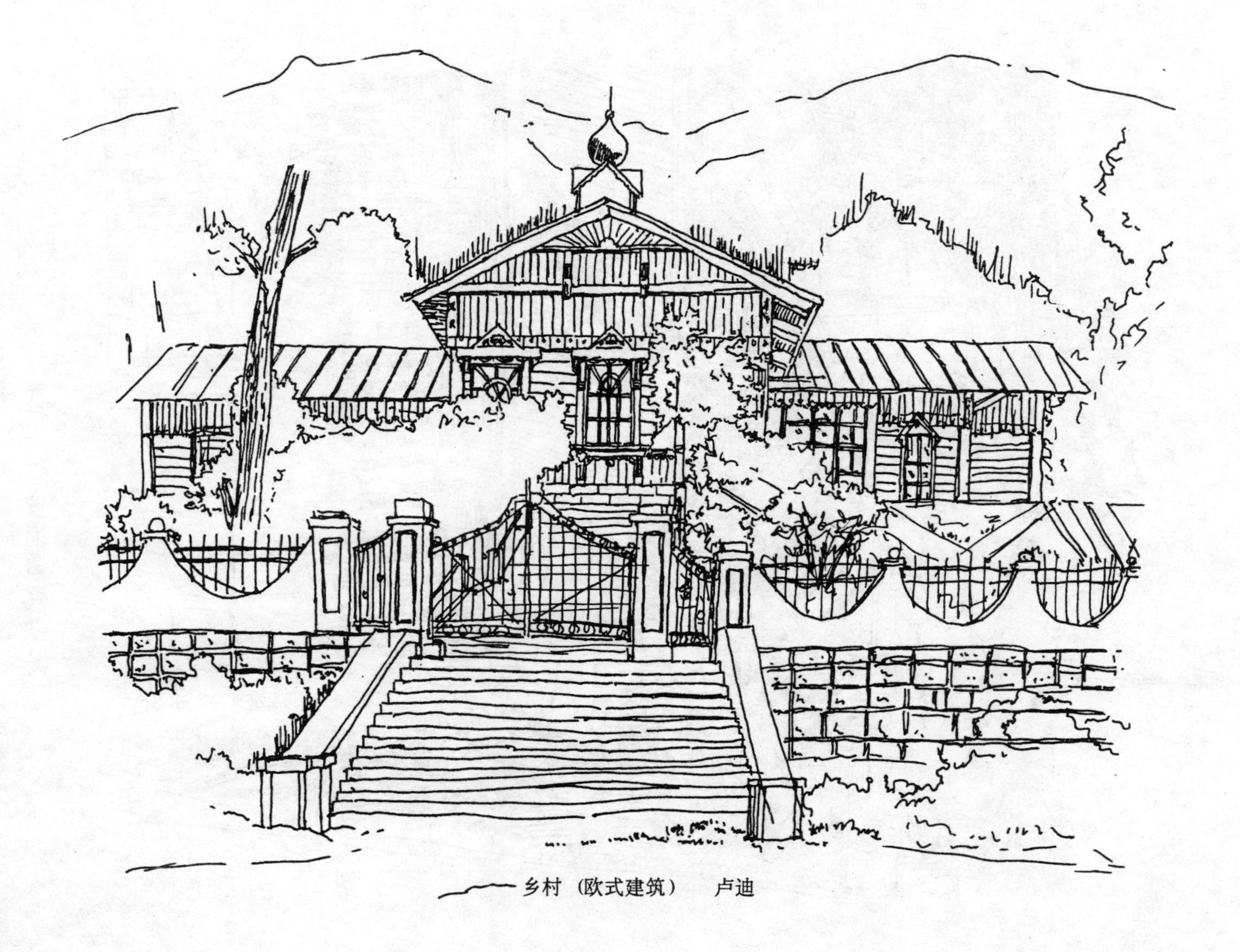

——乡村（欧式建筑） 卢迪

横道河子镇河边　陈经纬

湖帆　齐康

第五章　建筑配景的表现

一、天空、陆地、水面的画法

1.天空

(1)根据建筑速写画面的需要,通常是大面积留白。

(2)有时用弯曲的线条来表现刮风的变化。

(3)根据构图的需要有时可以把云表现出来。

(4)用多变的线条和点来表现有雾的天气变化。

2.陆地

(1)画石路,除了要画出石块大小相间的关系外,还要注意近处的石块要大而疏,远处的石块要小而密。

(2)画砖地或泥地,要线点并用,注意近疏远密,以及虚实变化。

(3)地面也可以用大面积的“飞白”线条和点来表现。

3.水面的画法

(1)用深色的灰色调衬托出山涧溪流。

(2)用横排线表现平静的水面和倒影。

(3)用橄榄形线条表现波纹。

(4)用疏密变化的曲线表现波纹。

(5)用轻松随意的点线,来表现水的波光。

(6)用起伏流畅的线条来表现湍急的河水。

二、山石的画法

要了解山的空间、地形地貌,起伏不平的山地,连绵延伸到广阔的地面上,形成一系列的山岭丘壑,并有一定走向,好像脉络似的就叫山脉。比如在我国境内的天山山脉、横断山脉、太行山脉、南岭山脉等,它们有着不同的地质、地形、地貌,而且都有峰、峦、丘、壑、岗、岭、坡、谷、悬崖峭壁等,丰富多样的地形地貌,占据着广大的地面,它们绵延曲折、高低起伏,有着庞大的体积,占据着宽阔的空间。只有看到并了解了这种种地形地貌,才有可能描写出山的阴、阳、向背、远近、高低等体积和空间来。

中国传统绘画注意表现山的不同外貌特征,为了表现不同的山石结构、质

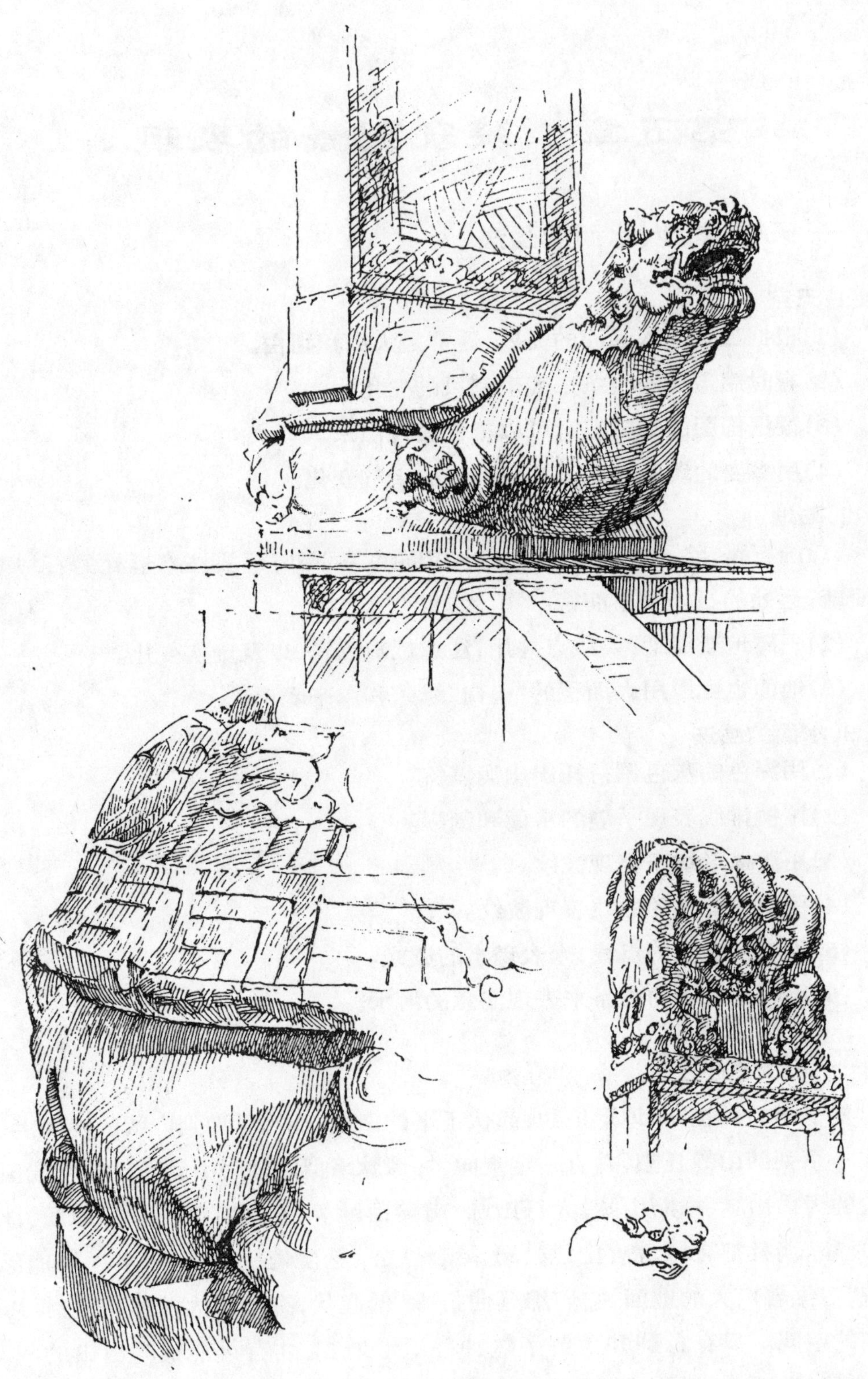

碑　　高明

山脚下的横道河子镇　　刘卓

感，创造了许多皴法，如长短披麻皴，荷叶、乱麻皴，大小斧劈皴，折带皴，米点、雨点皴，乱柴、云头皴等等。

这些皴法并不是主观臆造出来的，而是前人长期摸索，为了表现山石的表面结构纹理和质感，经过高度的艺术概括后总结出来的。因此，面对山石进行速写时，结合个人对山石的感受，适当地运用某些皴法以表现对象的特点，也是一种提高效率和增强艺术效果的手段。

石的画法，也和画山一样，要注意形状、体积和质感。前人总结出来画石的要领是"石分三面"，意思是任何山石都是多面的、立体的，即使是较圆的石头，也是由许多面组成的。所谓三面，指的是多面之意，也指最少要概括出三个面来，才能表现出它的立体感。我们知道在一平面上画出一个立体的东西，最少要有长、宽、高三个面才显得立体，只有把体积画出来，才能进一步表现它的量感、质感。因为绘画上的量感、体积和质感三者是分不开的。

在写生或速写的过程中，从构图方面考虑，如果把山作为背景，一般就把山安排在远景区，假如山脚的基线画在画面的中上方，就有开阔和深远感；如把山作为主体景物来描写，则把山画于中、近景区，山脚的基线可画在画面较下部或只画山的局部，或山峰或山岭，这种情况就要考虑山峰的主次和朝向，在画面里要安排得当；如果从俯视的角度来描写山，则要注意山岭的走向，它的来龙去脉，山峰的主次在画面上的位置安排要得当，注意画面上纵向和横向的山形空间的虚实描写和透视关系。

凡是山峰之上有天空的画面，要注意山峰外轮廓线分割出来的天空平面，它们的形象和大小要有变化。

画山首先要抓住对象大的形体特征，整体感觉是有植被覆盖，还是岩石裸露？外轮廓基本形怎样？可采用先画外轮廓再画内部结构，先整体后局部的画法。

以上谈到画山时应注意的问题，以及初学画山的步骤，只是我们在绘画实践中，在教学过程中的一些经验和体会。画风景画，山是常见的题材之一。我国山水画的发展到宋代已成为独立的画种，此后山水画的技法和理论都不断有所建树。我国画论对山水画有不少精辟的论述，古今中外名人大师们的不少优秀山水画作品，都可作为我们的借鉴，而且我国名山大川多，地形地貌丰富，有着优美、雄奇、壮丽、广阔的自然环境，给我们提供最佳的绘画题材和学习条件。早在宋代，郭熙就号召山水画家要到自然中去向"真山水"学习，他认为只有不断地从真山水中观察、体会，然后才能"山水之意度见矣"。别人的经验和体会，只能作为学习的参考，向自然学习，"师造化"才是现实主义造型艺术最基本的方法。通过自己在实践中观察、感受，使自己的思想感情与自然景色融为一体，在不断地实践中提高自己的速写技巧。

三、树木的画法

树，是大自然赐予人类生存环境中最美的造物，它们种类繁多，形态万千，多姿多彩，或挺拔，或苍劲，或坚韧，或优美，或枝繁叶茂，生机盎然，或枯枝干皮，老而弥坚，古往今来，它一直是文人墨客、诗人画家笔下的永不磨灭的主题。

太湖树　　齐康

太湖鼋头渚　　齐康

太湖岸边　　齐康

对树的形体特征和结构刻划细致入微，表现出植物的自然生态。

太湖边　　齐康

对于画者而言，他们并不十分关心树的种类、名称及其植物学特征，而是树木当时当地所特有的形态，以及它所营造的精神空间。树与山川、河流等无生命形态不同，它有自己的生老病死，与人类有着类似的生命历程；但树与花草等弱小生命也不同，它不仅有高大的身躯，更有从春到秋，从生到死的万种色彩和千姿百态，与人类的生命追求亦是不谋而合。正因为如此，树在人的心中是不朽的，无论人有多少种情绪与心结，都可以由不经意的投射或移情在树木的形态上找到同构异质的表现。更何况树木的挺拔、蜿蜒、扭曲和交织所形成的各种图案本身就可以给人带来各种美感和纯精神的愉悦，这些正是人们最衷爱的特质。

建筑速写中，树虽然是配景，但也得给予一定的重视。画树的难点往往在于树的结构复杂，细节繁多，落叶时枝杈交错，密密麻麻，茂盛时绿叶层层叠叠，尤其会令初学者望而生畏，无从下手。实际上，再简单的形态也是要作者先找出其特征，如，它的形状、结构、比例和姿态，画树就更不例外，无论它有多少细节，都可以归纳和统一在它的基本特征之中，换言之，抓住了树的基本特征就等于从形式上控制住了细节。

一棵树或一组树其基本特征的首要方面，就是它的基本图形，因此，我们可以得出这样一个结论：一个没有任何细节表现的树木的基本图形，可以反映该树状态的总体特征，对取景与构图具有决定性参考价值；而一个失去具象外形控制的细节表现，将会因特征线索的模糊或丧失而失去其描述性。

但也存在另外一种情况，如，北方的桦树、垂杨柳，南方的相思树等，它们的叶片稀松，有的还很细小，叶擦不够紧凑，就极不适合作很强烈的团块感表现。了解树木的结构，研究一下树干和树枝的生长方式，不仅本身就很有趣，而且对充分表现小的基本特征也是很重要的一环。要研究树干树枝的生长状态，最好的办法是对枯树或叶子落光的树多作观察和描绘。每一种树都有其生长特点，真实描绘会领略它的结构之美。

在建筑速写中，画树一般有三种方法，第一种方法是几何形分析法，是一种对形体结构的归纳方法。它与侧影图形不同，几何形着眼于对形体结构的概括分析和把握，它不如侧影生动但却言简意赅，将一个复杂的图形控制在一个最简便、最清晰的几何形式中。这种分析可以让画者很快找出对象的整体与主要部分以及主要部分之间的形式关系、结构关系，这将有助于我们顺应树的姿态及几何形的限制去把握整体形态的描绘。第二种方法是明暗分析法，在本章的第一部分里，曾就枝叶茂盛、体积感很强的树木形态的观察方法做了论述。在此应当指出的是，当在描绘这一类树木时，最好用小草图的方式，对它所呈现出的大明暗分布作格局上的研究。我们不会总是去画形体简单、明暗清晰的树木;我们也不可能总是碰到树冠叶簇的明暗分布图形漂亮的树木,但这并不意味着要放弃它们,或许它们的基本造型很好,只是明暗格局欠佳,只要我们利用小草图的方式对其加以整理或整形,是完全可以画出好作品的。第三种方法是侧锋表现法,学习画树最头痛的问题就是画树叶。怎样描绘树叶,是一个涉及笔法和风格的问题,不同的画家有着不同的答案。但有经验的画家对此都有一个共识,即我们无须对树叶作具细无遗的描绘,只要通过对树叶特征在某些关键部位的强调,便可使概括的手法具有表现丰富繁多之功效。因为某些关键的线索足以引发想像力对图像进行补充,前文介绍过一种描绘树叶的常用方法,这就是侧锋画法。对于一般的绿叶树,这一方法有着很生动的表现能力,但作为一种特征性的强调技法是不可滥用的。侧锋法并不是惟一的,也不是万能的,我们同样可以用其他手法来描绘同一种树,但侧锋技法从其适应性和表现力而言,仍然是一种画树的好方法。

第六章　老师和学生问答

学生问：建筑速写在建筑设计专业中有什么作用？

老师答：是专业、资料搜集的重要手段，有利于设计师建筑素养的深化和提高，更有利于提高建筑构思的表达能力，提高专业形象语言——建筑表现图、建筑画的表达能力，在这里建筑速写起着其他方法无法替代的作用，实际上设计师构思时所画的草图，也属于速写。

学生问：我们很想画好速写，并在不断地寻找画好速写的途径，能谈谈对速写的理解和认识吗？

老师答：我非常喜欢画速写，也许是偏爱，十几年来对速写一直有着特殊的情感，这么多年由于我始终坚持画速写，深深感到从中汲取的营养太多了！我的造型能力，我的生活积累，我的美学素养，以及我在建筑设计和环境设计中，应当说建筑速写帮了我的大忙，所以我认为，作为一个设计师，掌握速写技能是非常重要的。另外，从毕业生反馈的信息中，我们可以看到，凡是建筑速写、绘画能力强的同学，他们在建筑设计、规划设计和环境艺术设计中的能力也非常强。

学生问：初画建筑速写，不知怎样入手，请老师谈谈学习画速写怎样才能入门呢？

老师答：我初学画速写时，由于没有理论做指导，走了许多弯路。现在青年人初学画速写时借鉴一些理论知识和他人的经验是必要的，但关键还是靠实践，在学画的过程中反复去认识速写的要领和规律，画的多了自然会从中悟出许多道理。

学生问：现在许多设计师都背着数码相机，扛着摄像机，已经丢掉速写本了，您怎么看这种现象？

老师答：有人认为，在这信息电子时代，随着摄影器材之完善，摄影手段的普及，摄影机又进入了家庭，手工劳动的建筑速写会被淘汰，持此观点者，不是无知也是一种偏见。建筑速写在专业上的作用内容广泛，它包括现场踏勘的各种具体情况，如建筑现状、地形、地貌和周围环境等，也包括建筑（群）造型、空间、结构、色彩、材质、建筑细部，甚至包括平面、剖面之具体处理。照相机、摄像机和速写本，我觉得它们并不是一码事，就像电脑的功能和人的智慧不能

中国古建筑房顶　高明

横道河子镇一角　刘延岗

相提并论一样。我也非常担心，怕说不一定哪一天我的思想也会受到影响，放下我的速写笔，背起照相机，扛起摄像机来，如果真是这样，我丢掉的不只是速写本身，丢掉的是最珍贵、最亲切、最真诚的生活情感；丢掉的是在速写过程中对美的捕捉和畅想；丢掉的是速写提供给我在艺术上和设计中丰富而深入的思考机会。至今我没有用照相机、摄像机取代我的速写本，主要基于以上方面的考虑，每个设计师对建筑艺术都有不同的领悟，根据我的观点，还是主张初学造型基础的同学，应当把速写这门技能学好，并长期不懈地坚持下去。建筑速写可本着"佳则收之，俗则摒之"的艺术原则去组织画面和剪裁画面，可较完整、较艺术地表现建筑造型、空间和空间的秩序。

学生问：学习画建筑速写写生时，先从理论上弄明白最基本的常识应当是有好处的，您说对吗？

老师答：你说的对，我认为学好速写的关键在于实践，是指在具备一定理性知识基础上的实践，就像你如果想造一座房子，连什么叫房子都不知道，你怎能把房子造好呢！什么叫速写？概括的解释就是运用较快的方法进行写生，采取简练的手段在短时间内描绘对象的一种技法。假如不是快的因素在起先导作用，建筑速写作为一种设计的手段，就失去了它实际存在的价值了。

学生问：您说建筑速写的方法是画起来速度要快，那么建筑速写的"快"与"慢"的关系是怎样的？

老师答：在谈到建筑速写的时候，自然就要谈到对"速"与"写"的认识问题，一般人往往只注意到一个"速"字，而忽略了那个"写"字，其实速写的意义，主要是"写"，而不是"速"。"写"，是一种具体的表现手法，"写"的特点是概括、简练和肯定，所谓的快与慢只是相对而言的。一张速写，可在一两分钟内很简要地完成，也可在两三小时，甚至可用更长一些的时间较具体地来完成。我们所谈的速写，是相对于那些一张写生要用漫长的数十小时的时间，进行深入刻画的精细素描而言的。对速写的认识，不能简单地理解为只求速度，速写的时间长短，速度快慢，是根据不同的情况，不同的需要来决定的。对初学者来说，画速写更不宜图快，还是先多画慢一些的速写为好。

学生问：懂得了什么叫速写之后，学习画速写的第一步就是掌握速写的方法了，不知先从哪一点着手为好呢？

老师答：我觉得开始画速写培养兴趣很重要，有些人往往因为画不好，心里着急而丧失了学习的信心，怎样解决这个矛盾呢？按事物的一般规律，还是应当先易后难，可以选择简单一点的建筑来画，找好透视，慢慢地摸着画，我说的"摸"是指摸索的意思，在思想里一定要牢牢记住"概括和提炼"这个基本要素，不要像画一般写生一样对待，要摸索怎样概括，如何概括，怎样提炼，如何提炼，必须明确现在画简单的建筑是为今后画更难的建筑打基础的。

学生问：请谈谈学画建筑速写的具体技法，如，使用什么样工具好，如何下笔，先从建筑的什么部位入手等等？

农舍　高明

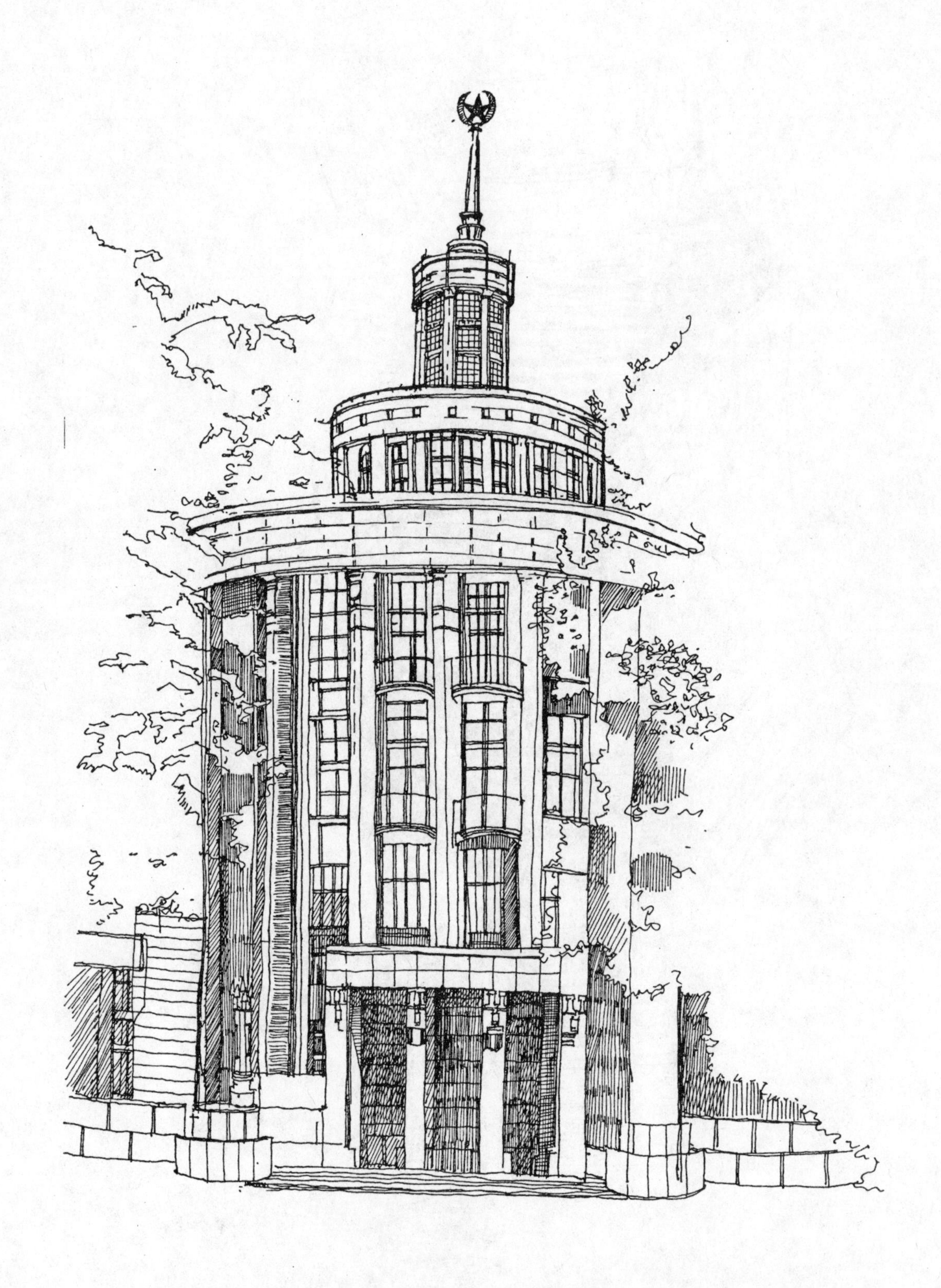

黑龙江中医学院主楼(原东北农学院,1952建，建筑师巴吉司，砖混结构)　　孙洪波

老师答：画建筑速写写生的工具比较简单，一个本子一支笔就算齐全了，根据我的经验，尽量不用单页纸画，单页纸不好保存，也容易乱，有条件的可买现成的速写本，或用白板纸裁成 16 开尺寸，自己装订成本子。开始用第一个本子时就编成号码，记上年月日，每本画完在最后一页写一篇学习体会，每画完三五本做一次比较，会很欣慰地看到你自己的进步。初学画速写时最好用铅笔，铅笔不要太硬，也不要太软，B 或 2B 为宜，不必使用橡皮，画不准的地方可再用笔重复修正。

如何下笔，特别是先从哪一部位下笔的问题，每个人的习惯都不一样，因此，可不必强求一致。先整体后局部，再由局部回到整体，应当是一切绘画过程中都要严格遵循的步骤，速写描绘对象也不能违背这条规律。但是，速写的整体轮廓不可能先在纸上确定，画速写者应具有敏锐的观察能力，把对象的整体轮廓和整体趋势准确地印在心里，选择某一局部下笔，然后“心记手追”完成整个描绘过程。当然，先局部后整体也是可以的。

明确速写下笔的特殊规律之后，如何选择下笔的部位是我们要解决的第一个问题。有一些初学画速写的同学，第一笔多是从建筑的顶部开始，根据我的体会，从建筑的顶部开始下笔，然后依次向下推着画，并不科学，如果动笔开始就把注意力集中到建筑的顶部，必然会忽略了建筑的整体，请注意开始画第一笔之前一定要非常细心地观察对象，从中选取你感兴趣的一个角度，千万不能贪多，不然思想里会乱起来。选取下笔的部位要慎重，因为它关系整幅速写的成败，常常由于第一笔的失误，使其余部分无法进行。

学生问：那么第一笔的选择究竟从什么部位开始好呢？

老师答：第一笔的选择的重要性我已谈了许多道理，那么究竟应该从哪一个部位下第一笔，这要根据不同的建筑对象及不同的风格特征灵活掌握，不能固定在某一部位永不改变。

学生问：根据您的经验谈了很多如何下笔的问题，万事开头难，开头的问题如果能解决好，画好速写就不成问题了吧？

老师答：画好建筑速写涉及的问题很多，如何下笔仅是其中之一，接下来遇到的问题就是如何用线的问题，因为速写主要是用线表现，当然也有别的表现方法。

学生问：您说画建筑速写主要是用线表现，那么用块面表现不是很好吗？

老师答：速写的表现方法应当是很多的，线是一种，块面也是一种，用颜色也可以，还有的用水墨方法画速写，但我个人觉得，速写中的线最有表现力，提倡用线画速写，除了它的实用价值之外，还有它自身的美学价值。中外许多名

中国人民建设银行黑龙江省分行职工休养所（1988建，建筑师李光耀，砖混结构）陈曦

中国人民建设银行黑龙江省分行职工休养所（1988建，建筑师李光耀，砖混结构）陈曦

家的速写作品中，在线的运用上有多种多样的表现，单独欣赏他们速写作品中的线条，就是艺术上的最好的享受。

学生问：线的种类很多，这么多的丰富线条，具体怎样运用呢？

老师答：速写中的用线应当是很讲究的，每根线怎样用，什么地方应该用什么样的线，用线时应注意些什么问题，都要很好地考虑，如，线的贯穿性就非常重要，从起笔开始，要一气呵成，起码对象的主体要用一条线贯穿，即使是补笔之线起落也要和主体线衔接起来，这是第一点。第二点，线条要流畅活泼，行笔如流水，要像一条小溪一样，欢快地流动。第三点，线要有节奏，有韵律感，线的抑扬顿挫，就像音乐的旋律，起伏跌宕富有变化。速写中线条的生动，是用线的变化和各种不同线条巧妙组合的结果，我们只懂得线的软硬表示质感，粗细代表虚实，急缓示意强弱，疏密体现层次是不够的，要进一步认识不同线的组合关系上的运用。一幅速写和一首乐曲是一样的，音乐家通过音符和节拍，处理出强弱、虚实和层次，表现了不同的情感和情绪氛围；速写是通过线

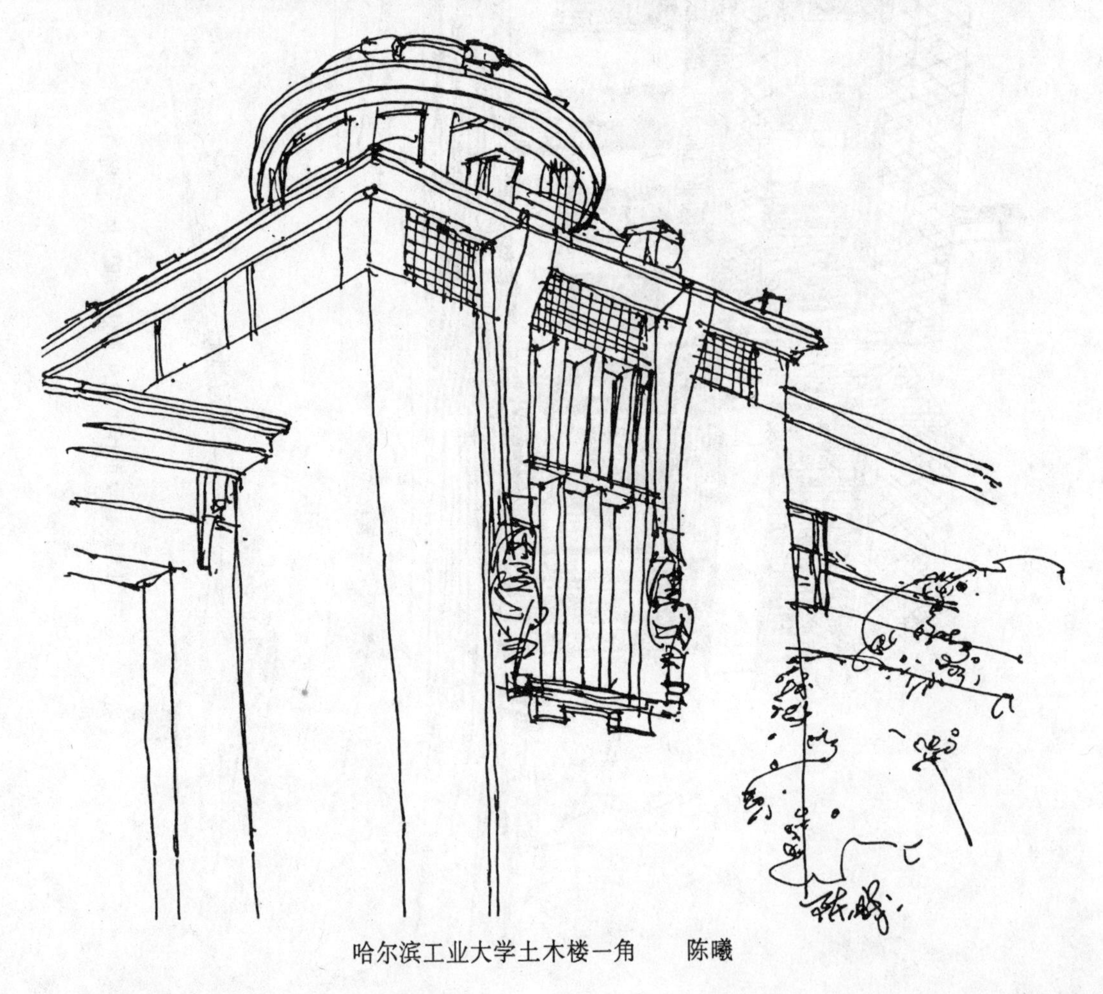

哈尔滨工业大学土木楼一角　　陈曦

条的强弱、虚实和层次组合成所追求的不同艺术情感和情绪效果。

学生问:看来线条本身的学问还是很多的,那么还应当从思想上明确些什么问题?

老师答:建筑速写写生中用线特别应该尽量简练,复杂的对象如何能概括在较少的线条中呢?首先,要在表现对象形体的众多线条中,找出它的主线——即轮廓线,它是负责表现对象形体结构的。轮廓线像主帅一样,指挥和制约着其他线条共同完成各种对象的实际形体。主线之外的线可以称做“辅助线”。辅助线运用起来伸缩性很大,根据需要或根据感觉灵活地增减,它的作用有两点,第一,是协助主线完成物体形状;第二,是作为符号表现情感和情绪。有人误认为这些带有自身情感和情绪的线条是废线,其实这正是线的“天趣”。一幅优秀的速写作品,常常由于获得了这种“天趣”而使得作品产生了诱人的魅力。

学生问:您说的这两种线如果能熟练地掌握好,是不是画起建筑速写就自由多了?

老师答:应当是这样,找出以上两种线并认识其功能和效果,你会由衷地感到这两种线的结合,是概括和提炼复杂对象的法宝,无论对象如何千变万化,也能让它束手就擒。速写中的线条从一定的意义上讲是速写形象的生命,它对速写的好坏、成败起着至关重要的作用。因此,初学画速写者应当拿出足够的时间和精力把线条练好。练习方法并不复杂,只要大胆、随意、放松,在纸上画方、画圆、画长、画短、画旋转、画波纹等反复练习,天长日久必然会熟练起来。

学生问:建筑速写写生时通常有几种表现形式?

老师答:大致有三种,一是以线条为主的速写;二是以明暗调子为主的速写;三是以线条与明暗调子结合的速写。

学生问:您谈的经验和体会,其中有方法问题也有修养问题,这两方面的问题应该怎样对待呢?

老师答:我觉得方法和修养是相互关联的,其实方法本身就存在有修养的成分,速写技巧说到底是属于艺术范畴的,艺术不是技术,艺术一定有文化素养,这种素养也可理解为思想修养。

学生问:能谈谈画建筑速写从实践到理论,又从理论到实践,这方面的经验吗?

老师答:每个人都可以在实践中注意总结经验并升华成理论,反过来再用自己的理论指导自己的实践,这是一条普遍的规律,只要用心去做,都会取得

妇女儿童用品商店（原商行，协和银行，1917建，砖木结构） 孙洪波

江北渔馆　佚名

成果。

学生问：老师，哈尔滨的建筑有哪些特点？画的时候应该注意些什么？

老师答：哈尔滨素有“东方莫斯科”和“东方巴黎”的美誉，其建筑具有巴洛克、古典复兴、浪漫主义、折衷主义、新艺术运动、现代建筑、中国古典、伊斯兰建筑等东西方各种建筑艺术流派和建筑风格,大部分典型建筑是由外国建筑师设计出来的(指1950年之前的建筑),在用速写刻画它们的时候,要把不同的建筑风格表现出来,不能雷同。

学生问:老师,最后问一下,在速写方面,哪本书对您影响比较大,请介绍一下书中的主要内容好吗?

老师答:应该说《建筑师与设计师视觉笔记》这本书对我的影响比较大。这本书是由美国人诺曼·克罗和保罗·拉塞奥写的,是由中国建筑工业出版社于1999年出版的,按我的理解,建筑师与设计师的视觉笔记实际上就是指速写。这本书的主要观点是认为视觉修养与文字修养同等重要,全书用实例说明了如何像记录文字信息那样来记录视觉信息。下面我就按我的理解把这本书介绍给同学们。

书面语言是我们这个社会各个领域进行交流的重要手段,通常学完高中课程以后,人们就可以通过书面语言来理解别人和表达自己的感受。然而,理解和表达视觉信息却是一项有待开发的技能。视觉修养包括两方面的技能:视觉敏锐性和视觉表达。视觉敏锐性是一种强化能力,即清晰、准确地在自己所处环境中"看到"多方面信息的能力。大多数人看一幢房子时所发现的特点与画家所看到的是不同的,画家除看到大多数人所看到的屋顶、窗、门或者墙的颜色外,还能看到色彩的明暗、阳光形成阴影的方式和窗户的反光;建筑师也会比大多数人更多地注意所用材料的形式、窗框或屋檐的细部,以及类似天沟、下水管、灯光等附件特点。视觉表达是一种开发视觉信息的能力,这种能力在画家、设计师、舞蹈设计师、摄影师或建筑师身上表现得尤其突出。这种能力对于每个人都很重要。视觉敏锐性与我们接收的视觉信息(也就是我们所看到的事物)有关,而视觉表达则与我们发出的视觉信息有关,具体一点就是用视觉笔记或画速写的形式表达出来。看是视觉表达的开始,但要进行视觉记录,两者都必须有意识地开发,看和表达是相互依赖,又相对独立的。由于许多同学一开始并没有这两种技能,所以需要有意识地进行这方面的训练。

视觉笔记就是与文字记录相对应的图形记录,是指记录以视觉信息为主的信息,这些视觉信息用文字是不能描述清楚的。因为现在照相既方便又便宜,所以,视觉笔记不像以前那么多了。记笔记一直是对不完善的记忆的有效补充,而且,记笔记和对笔记的挑选活动是创造的重要手段。当然,照相机能完成许多速写所做的工作,而且能把某些任务完成得更快,质量更高。但是照相机却不能记录思想、内在结构和图示的组织关系,也不能记录人的肉眼不能一下子就全部看清的其他东西。勒·柯布西耶曾经说过,照相机"阻挡了视

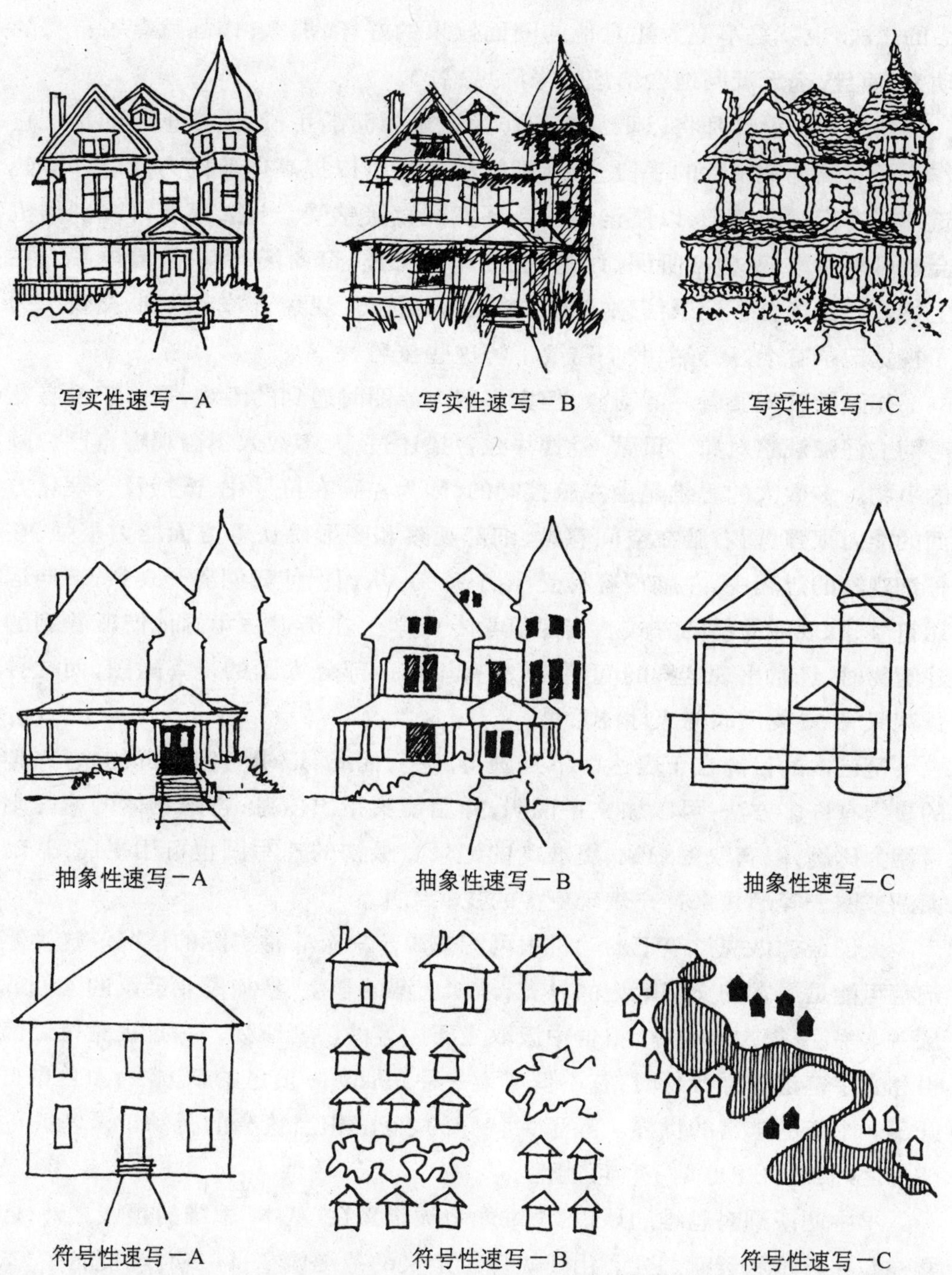

察”。由于现在的视觉笔记通常不像以前的视觉笔记那样带有文字记录，因而我们相信，有些有价值的内容已经丧失了。记视觉笔记是有用的、有效的，而且还可能是一项特别愉快的工作。一旦您摒弃了自己所画的东西必须是艺术

注：该图摘自《建筑师与设计师视觉笔记》，吴宇江、刘晓明译，中国建筑工业出版社出版。

品的想法，也就是不要太注意他的图面效果的好坏，那么，作画就有了自身的动力，而且，毫无疑问地会给您带来满足感。

建筑师和设计师将以日常笔记作为记录体验的手段，同样重要的是把它作为开发视觉敏锐性的手段，因为视觉敏锐性可以提高体验的力度。许多建筑师在旅行时做笔记，以便记录对新环境的直接感受，当然，还有许多别的机会也可以做笔记，包括听课、讨论、在工作室工作、逛商场、读书及看电视。在上述每一种场合下记录信息需要一套综合的技巧：观察、感知、辨别、交流。为了视觉记录有个好开端，我们需要了解这些技巧。

作画前首先要看一看对象，但大多数人绘图时遇到的困难，是由于没有花时间去仔细观察对象。贝蒂·爱德华兹曾描述过，大多数人不会观察自己想画的事物。多数人的思维是由左脑控制的，因为左脑在符号化、概括及合理化方面的能力很强，而右脑在空间感觉、细部观察和图形确认等方面能力很强、在仔细观察的过程中，左脑很容易受挫伤、疲劳，从而促使我们离开观察，转向运用符号、陈规或简易的方式。当建筑学专业学生在街道一角画他们所看到的建筑物时，经常出现这样的问题，其中有相当一部分人画的是鸟瞰图，而这种景观只有 50 英尺高的人才能看见。

笔记本的目的在于表达而不是画得漂亮，因此，记录一些新鲜的、感兴趣的事物有许多方法：可以加文字说明，并用箭头指出信息；特殊物体的速写则可用大比例，以获取更细致、更准确的记录。最初的速写图也可用平面图、剖面图或图表等形式来补充表现更多的视察结果。

人们最初做视觉笔记的动机很可能来源于一个非常实际的情况。这类笔记很可能是通常的文字笔记的补充，诸如上课的学生、参加商业会议的人们或从一本书、一篇文章、一个报告中汲取主要内容的读者所为。一旦视觉笔记变得和文字笔记一样容易时，它不仅成为一种获取实际信息的新方法，而且也打开了一个新的丰富的世界。除了为特殊的、范围相当狭窄的行动记录特殊的信息之外，记日记也是一种可能性。

书中还谈到对思维的认识，思维能力被定义在“基本”思维的领域之外，通常被归在灵感和天赋之列。由于对思维定义的范围偏窄，许多心理技能在“基础”教育阶段还没有被开发出来。

妨碍我们自身对思维认识的另一种方式，是对大脑能力的错误认识。有史以来，人类大脑的大小几乎没发生什么变化，而思维能力却是随着文化的演进和环境的变化而发展。由于我们对戏剧性的事件或是英雄人物的变化感兴趣，这种情况就复杂化了。在部落文化中，能解除别人痛苦的人被认为是有巫

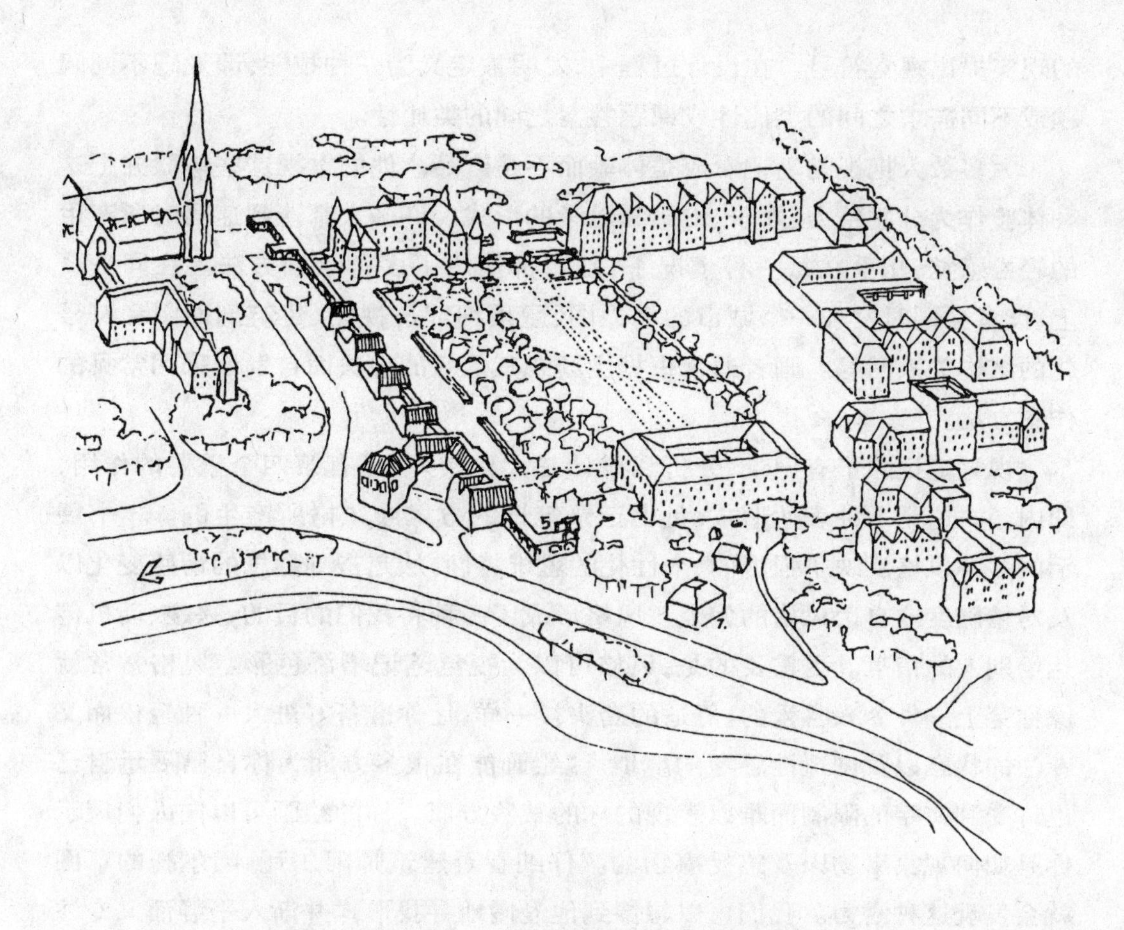

国际中心鸟瞰图　　诺曼·克罗　保罗·拉塞奥

术能力的，并在村庄中地位显赫。而在中世纪，从阿拉伯源头学会数学的人则被认为是天才，并常常作为国王的智囊人物。在过去是如此了不起的技能，如今却只是小学生的日常练习，并作为小学基础教育的部分。

在这个世界上，创造力不能再属于少数人，而必须变为人类正常思维的部分。当我们每个人必须运用自己的判断力来判断我们所创造的价值和财富时，我们需要快速的直觉和高度发达的视觉感知能力，这样，我们才能从生活中创造出如同音乐一样的和谐美。也许，当我们把“艺术”思维发展为“理性”思维的一部分之后，我们处理当今世界的无序与矛盾就会变得更加容易了。

我们深信，视觉化有助于有效的思维；视觉语言有助于有效的表达；记录视觉信息有助于开发视觉化能力和视觉语言。

发展视觉思维和视觉感知能力的关键是在常规的基础上开始认真地观察世界和它的局部。写实性的绘画迫使我们去观察事物。分析性的绘画有助于我们把事物的结构以及我们所见到的东西抽象化，揭示秩序和意义，并为复杂的现实提出视觉符号。在设计过程中,发明被定义为一种技能,即发现不同问题或不同需求之间的类比性或课题答案之间的类比性。

大多数人把视觉笔记看成是体验而不是产品。他们重视这些体验并把这种体验作为分散精力、娱乐、幻想和思考的形式。许多人都谈到速写时所产生的轻松感觉,几乎在每一种情况下,画者都使用了多种绘画方法。在同一页上,读者会同时发现一个城市的鸟瞰图、屋顶细部透视图、建筑剖面图和符号化的结构关系网等。画者通常根据主题或其他新的想法而自发地采用常见的作图方法。

视觉笔记除了有记录、分析和设计三大作用外,还有第四个重要的作用,即内涵。这是一种表达形式,是由记录笔记的方式或风格所产生的。本书展示的多种风格反映了强烈的、个性化的思维特性,从亢奋到静思的情感变化以及对精确度或自由风格的偏爱。风格形成了一种将我们的目的、兴趣、动机传达给别人的信息。更重要的是,风格可以为视觉笔记增添色彩。风格常常就像你穿上一件令人喜爱的、舒适的套头衫一样,让你准备好进入一种轻松而又专注的状态以及创造性思考的境地。“绘画能在很多方面为你自己展示自己也许受到文字的限制而难以表现的你的某些方面。你的绘画可以向人们展示你是如何观察事物以及感受事物的。”仔细看看建筑师阿尔瓦·阿尔托的草图就会发现这种潜力。我们可以想像到他慢慢地寻找形式并渐入平静而又专注的心态,这些形成了他强有力的观察力和创造力的背景。

下面是《建筑师与设计师视觉笔记》中介绍的几位设计师和建筑师对视觉笔记(速写)发表的看法。

螺田觉(SATORU NISHITA) 园林建筑师

“速写反映并记录了有关现有场地、环境和区域特征的最初印象和思想。它们提供的线索涉及到现有主要元素、特征和自然环境(即植被、地形、水力、城市形式等)的重要性,这些都反映了项目方案的背景和环境文脉。通过视觉观察、图示记录和分析这一过程,它们还反映了重要的问题、论点、限制因素和机会。”“我发现这些视觉笔记是很有价值的工具,可以用来与其他小组成员交流观念和想法,并通过视觉笔记反馈回来的信息,激发其他的思想和讨论。”

凯思林·奥米拉(KATHLEEN M.O’MEARA) 建筑师

一个有成就的视觉信息的记录者就像一个好的听众,实践提高了他接受体验的技巧。“速写是一种徒手的技艺,它成为心灵的一种工具。为了记录一个空间,速写过程是发现秩序的一种途径。在观察一个地方的时候,一种形象可以引发出许多速写。由于这些速写是对现实的抽象,因此,它们也就形成了

意大利佛罗伦萨的帕齐(Pazzi)教堂　　保罗·盖茨

思想。用图像思考就是一种对话:速写是思想的源泉,速写是思维的记录。速写就是用铅笔来思考。”

史蒂文·赫特(STEVEN HURTT)　建筑师

“绘画反映了不作画就会逃离眼睛从而不是内心所注意的关系。这些绘画反映了我的兴趣在于农场主对景观的敏感性上。维内托被人们看做是一个适合居住的花园,在这里,田野和建筑是相互呼应的。”

保罗·盖茨(PAUL GATES)　建筑师

"我发现速写促使我更加了解人工环境。通过绘画,我迫使自己超越对主题的初步印象,更敏锐地去了解构图中的特殊片断。我曾经有过速写一个特殊建筑的经历,比如其中的一个平面细部,通过绘画我了解到这个细部是如何通过自身和其所处的环境发生作用的。一旦将来需要那种细部,经过补充和修改,它便成为我自己的了。"

道格拉斯·加罗法洛(DOUGLAS GAROFALO)　建筑师

"除了能产生明显的美的愉悦外,绘画使我心明眼亮。客观的存在,如形式、质感和色彩是很容易表现的,它们在设计或构图中表现得更为抽象。如果我能够把二维物体或空间变换成二维绘画的形式,其内在原因是我学习了这种技巧。后来,绘画帮助我理解我所看见的东西。速写是一种工具,正如阅读能力是一种工具一样。认识到这些工具与美学紧密相关,这是很令人兴奋的。"

帕特里克·霍斯布鲁格(PATRICK HORSBRUGH)　建筑师

"在来自生活速写的刺激的反应中,有下列三方面使人无法不相信的影响出现了,它们强化了体验。第一,在主题的形式和条件上对流逝的时间的体验是无所不在的,包括艺术家对于材料特性的感受;第二,通过创造性的努力来抓住效果的情感上的刺激作用;第三,被激发起来的好奇心。"

音乐是活的,这是因为有先发出的声音和随之而来的尚未听到的效果,从这个意义上讲,"不管什么样的景色,对我来讲都是'活的'。这种一刹那间的体验是会话性质的,如同在一支与自己的协奏曲中,独奏总是处于期待状态的位置。"

"对设计师来讲,视觉印象表现了主要的秩序和相对的位置,实际应用即以此为依据,在这里,空间和所见物体一样的重要。中国西安附近窑洞式住宅的魅力,是出自其发掘的必然结果,也源于其所处地域的隐蔽性和与社会的隔离性。"

巴里·拉塞尔(BARRY RUSSELL)　建筑师

这位视觉笔记的记录者令人信服地证明了经常性地速写和记录观察结果所给予他个人的回报。

"这里的大多数速写画得很快,许多是在步行过程中作短暂停留时画的。我用的是我手头上随手可拿到的工具。我常常携带速写本,喜欢在旅行、步行或等候的时候画我能画的东西。我喜欢走走画画。我上学时就是这样做的。"

"许多速写后来成了作更大幅画的基础,但这里没有选用。带笔记本除了可以让我不断实践外，还可以帮助找回忆起某个想法、某个地方、某一天或某种情感。这对我来讲是很重要的。有些画只是研究某种视觉思想，就像折起来的立面，这些画也提供了与建筑、空间和景观有关的信息反馈。”

迈克尔·格雷夫斯(M.CHAEL GRAVES)　建筑师

“这种类型的绘画(预备性的研究)记录了探索的过程，以某种方式检查了因一种给定意图而引起的问题，这可以为日后决定性的工作打好基础。这些画本身就是非常具有实验性的。它们根据主题的不同而产生变化，显然，这也是为更具体的建筑设计所做的练习。照此下去，它们通常发展成一个系列，这不全是线性的过程，而是重新审视所给的问题的过程。”

“这些研究对于绘画的取与舍有指导作用。能被用做测试思想并为随后的发展提供基础的方式，包括通过假设不完整性而把问题展开的方式……”

伦纳德·杜尔(LEONARD DUHL, M. D.)　医学博士，环境健康专家

“我讨厌开会，于是就随手画画。对我来讲，徒手画既是一种艺术，同时又是在记录笔记。我的思维是非线性的，我在口头表达上有困难，但我的图像记录比文字更好。非线性指的是系统性以及我作画时出现的东西：关系、方向、重点。后来，这些图像使我想起当时所发生的事。”

“慢慢地，我的速写发展到运用彩色，然后我开始用相似的作画技巧来写作。后来，我在上课时用这些画来指导我的学生，并作为他们工作日记的模式。”

斯蒂芬·帕德克(STEPHEN PADDACK)　宇航工程师、科学家

“在研究符号的过程中，简单的速写能替代许多文字。最上部的弧形波浪线表示了太阳能电池在测转速时的反应。为了确定测量某一特殊旋转时期的起始点的稳妥‘边界’，使用了触发电子装置。当电流从零开始上升，电压达到一定值时就引发了这个装置。正如你能从草图中看到的，在每一个升起的脉冲中，触发装置都被引发。方形波的周期正好是弧形波的一半。”

“本页上的记录与一个电子线圈有关。我知道。我必须在真空管里放一个大的线圈。我当时担心线圈会太热，因为它们不能散热。草图探究了一种思想，即用一种装置可以把热量从线圈中散发出来。另外，我在设计中使用了经典的斯蒂芬·博尔茨曼辐射热平衡方程。”

约翰·拉塞尔(JOHN RUSSELL)　园林建筑师

“这些速写是故事栏的一部分，它们帮助我开发了一个幻灯放映的体系。这种技术并不独特，但我相信，在设计师手中，图形说明和文字说明的结合可以使两者相得益彰，并比它们独自提供的信息还要丰富。对于我来讲，如果没有想像的画或是已经画好的图，那么，我就没法编成这个故事。因为我更多地使用视听产品的技术，我发现图画与文字关系越来越密切，我的故事栏也更加丰富。”

吉尼·海恩斯(GENE HAYES)　建筑师

“我作草图是为了记录我所描绘的对象与我的对话，同时也和其他人交流思想。草图很像小型录像机，因为，当看一幅草图的时候，我想起了当我绘制它时我正在想什么，而且，这思维的过程常常可以从那一点往前移，或往后退。这些草图抓住了思维活动中的一个瞬间，这些思维并不总是有方向性的、受控制的、有逻辑性的或有意识的。对我而言，它们变成了设计发展过程中的路标，因为这些草图在一种设计构思付诸实施之前就抓住了这种构思的本质及所有的设计参数。当设计深入下去的时候，由于更多的人以及规则的参与，将一种构思带进现实的过程变得更加复杂了。常常有这样一种情况，由于一个人如此关注于设计过程中所产生的各种问题，结果，其基本思想或目标反而都被忘记、丢失或是残缺不全得无法辨认了。这些草图帮助我将所有的精力集中于原始的思维，以便引导现实，而不是被现实所引导。”

第七章　建筑速写作品欣赏

中国古建筑　　高伟

中国古建筑　丁诚

文庙角门　　刘卓

文庙一角　丁诚

文庙功名碑　　徐忠

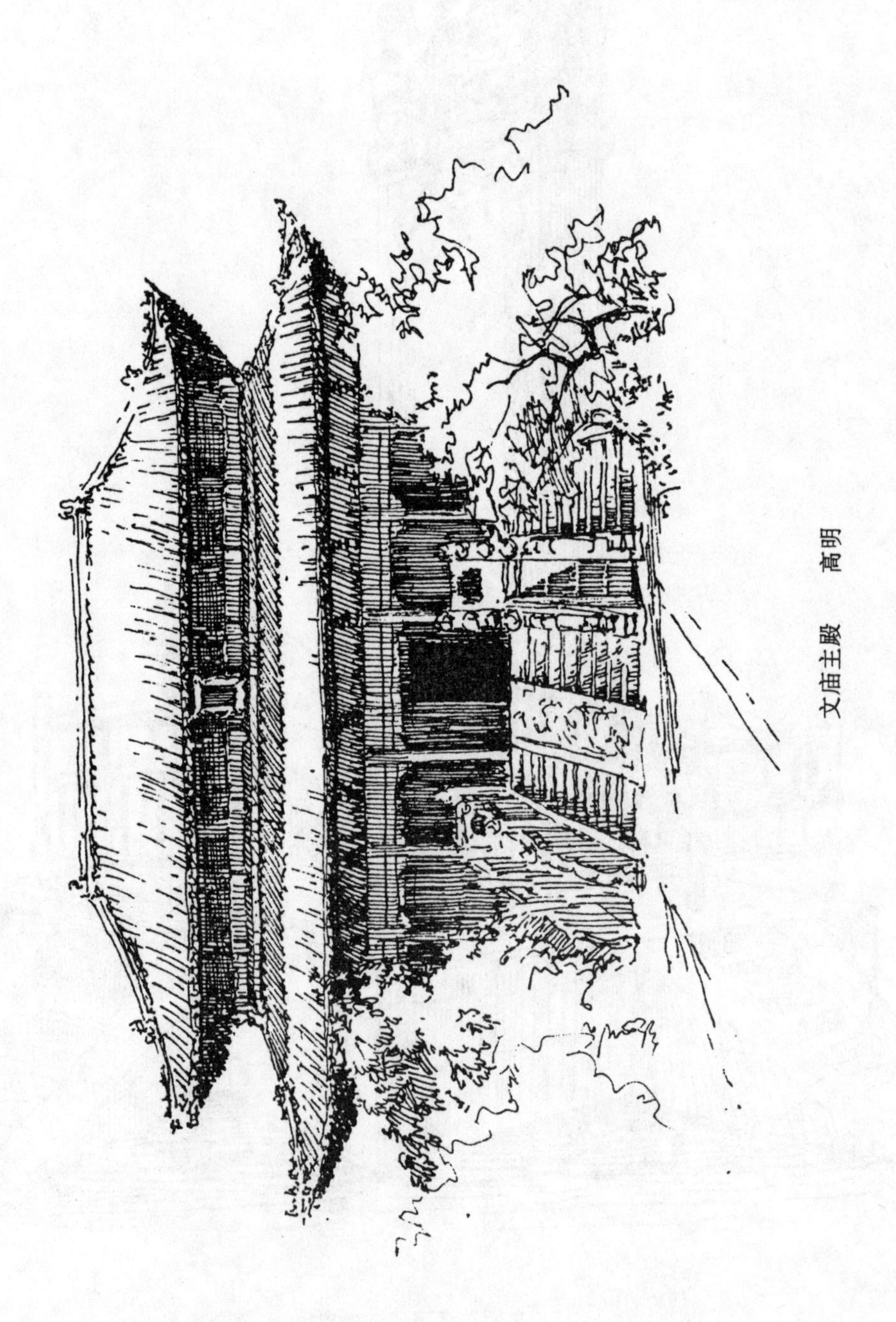

文庙主殿　高明

佛宝塔　　高明

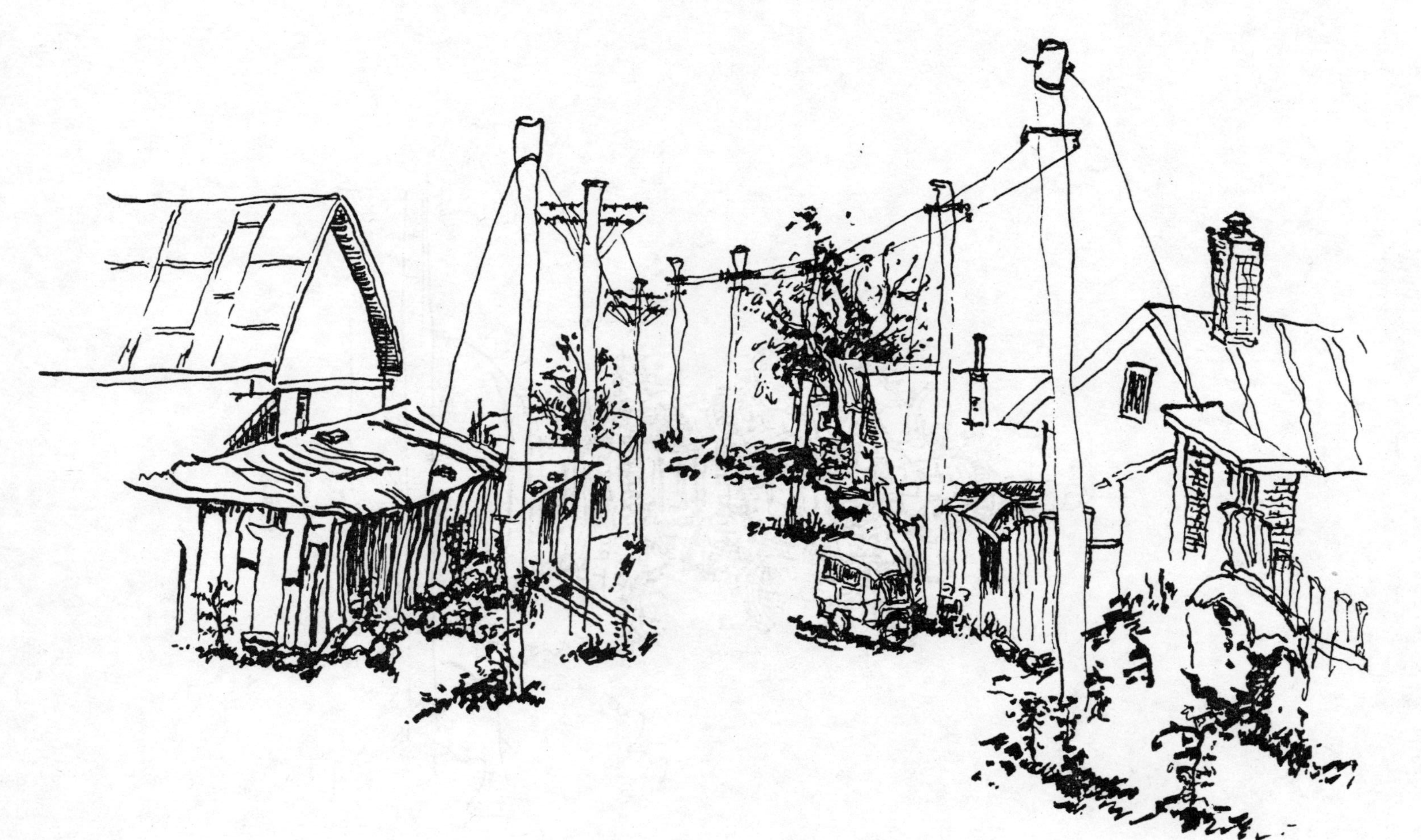

小镇街角　刘延岗

横道河子山角下　刘延岗

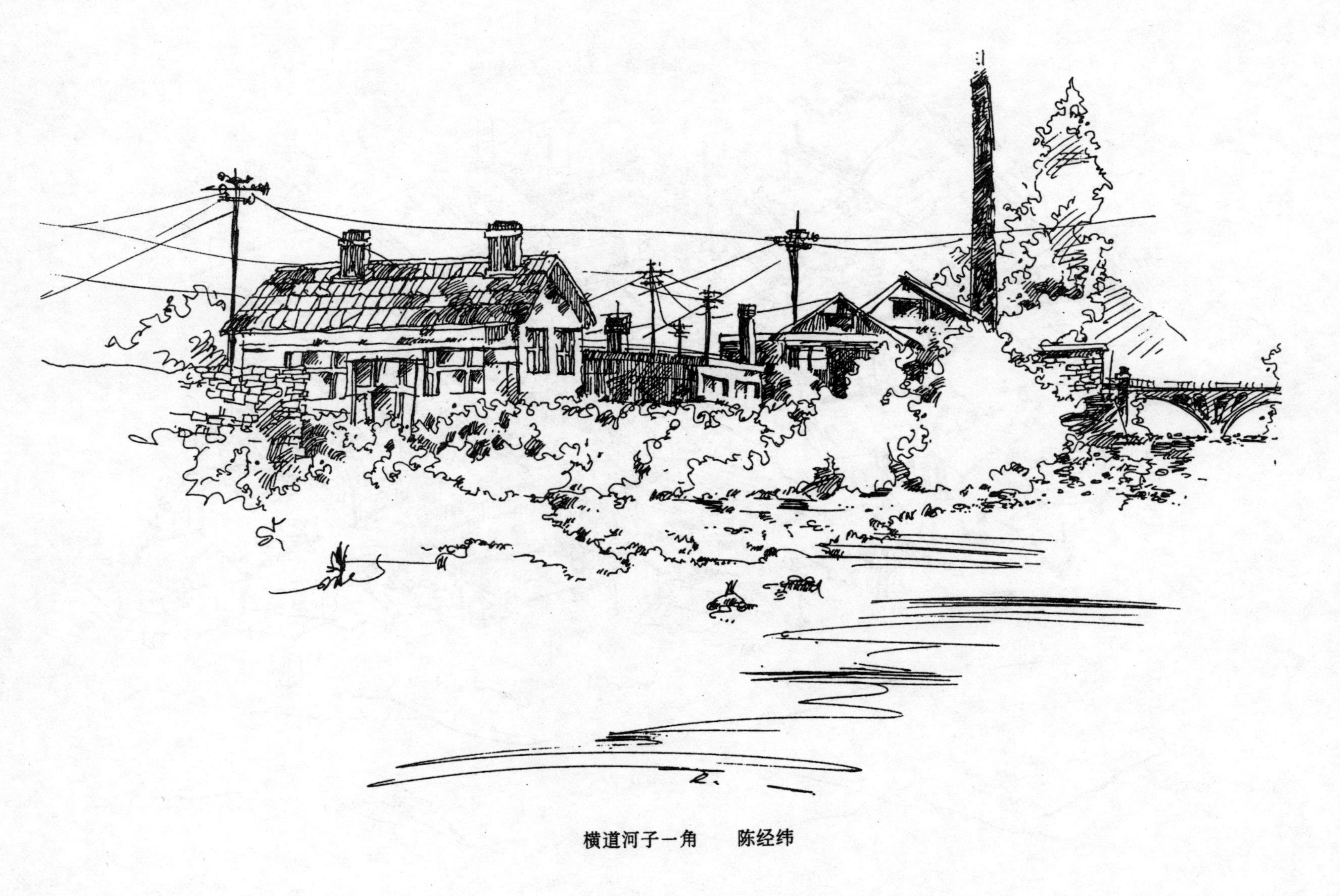

横道河子一角　　陈经纬

小镇街角　佚名

小镇台阶　　佚名

横道河子民房　　佚名

农家院门　　高明

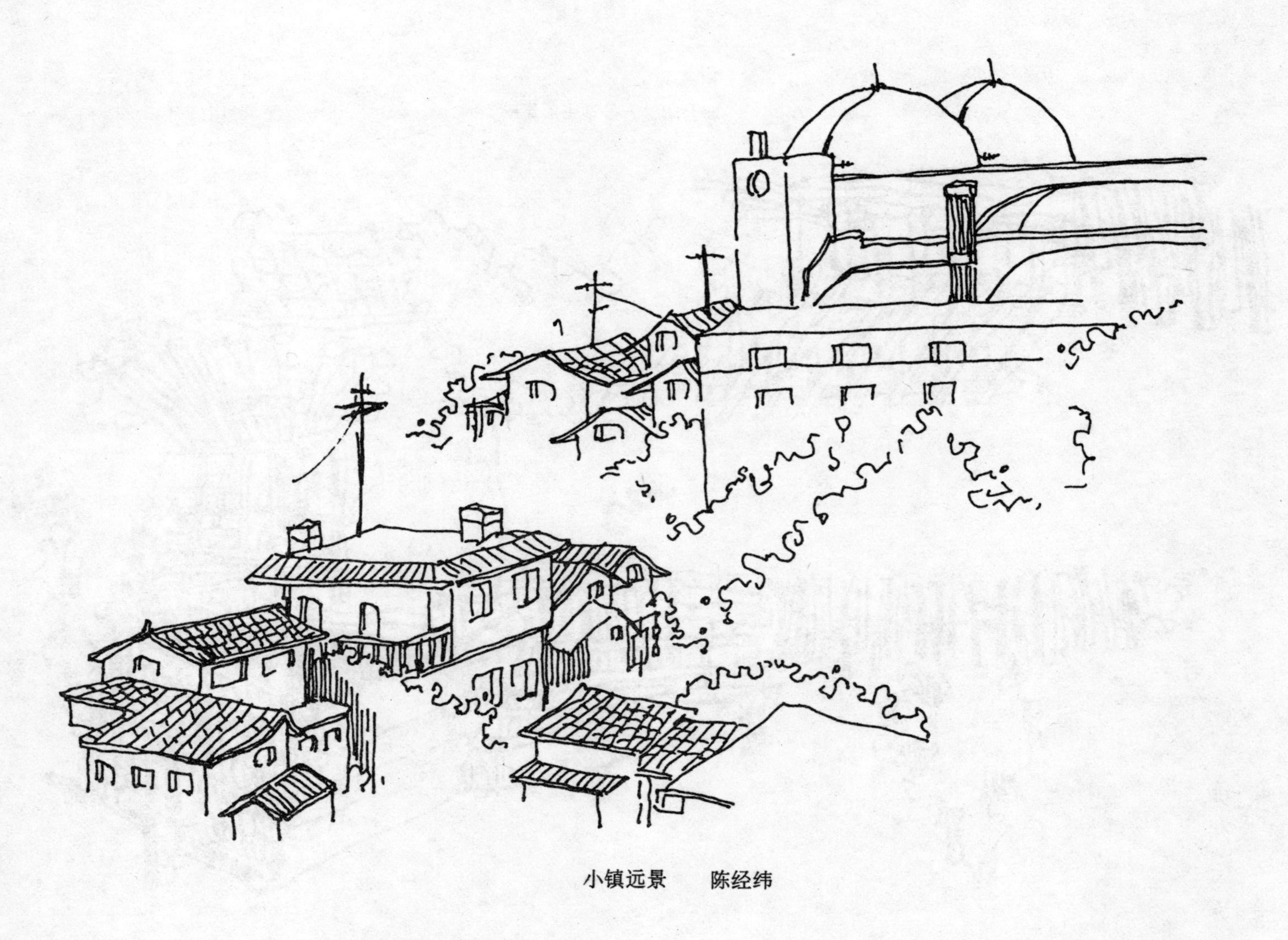

小镇远景　陈经纬

横道河子农舍　陈经纬

村边一角　　陈经纬

农家小院　陈经纬

冒儿山脚下农舍马车　　皮智博

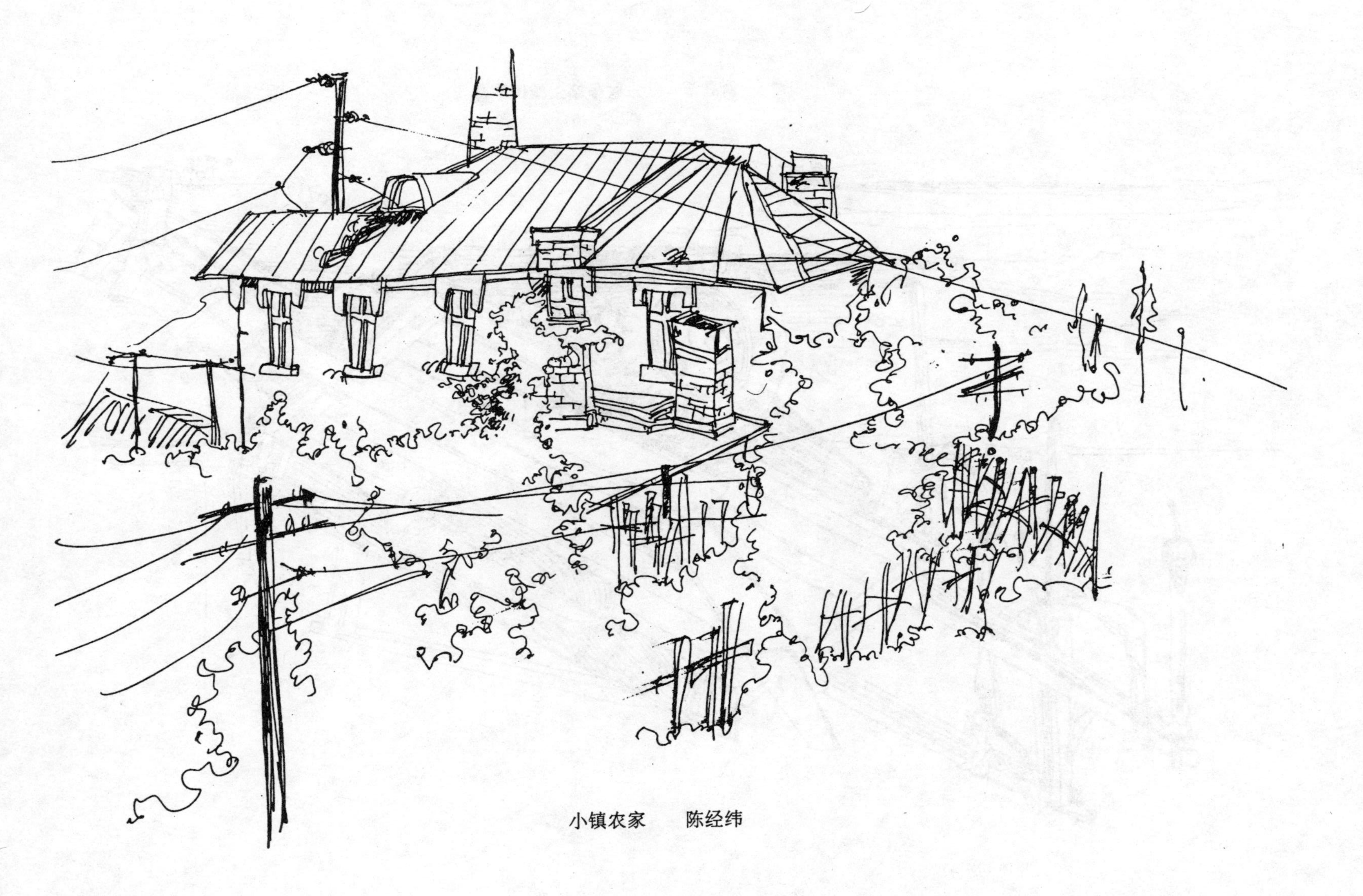

小镇农家　陈经纬

横道河子小街　陈经纬

文化公园入口（原苏侨公墓入口，砖木结构）　　高明

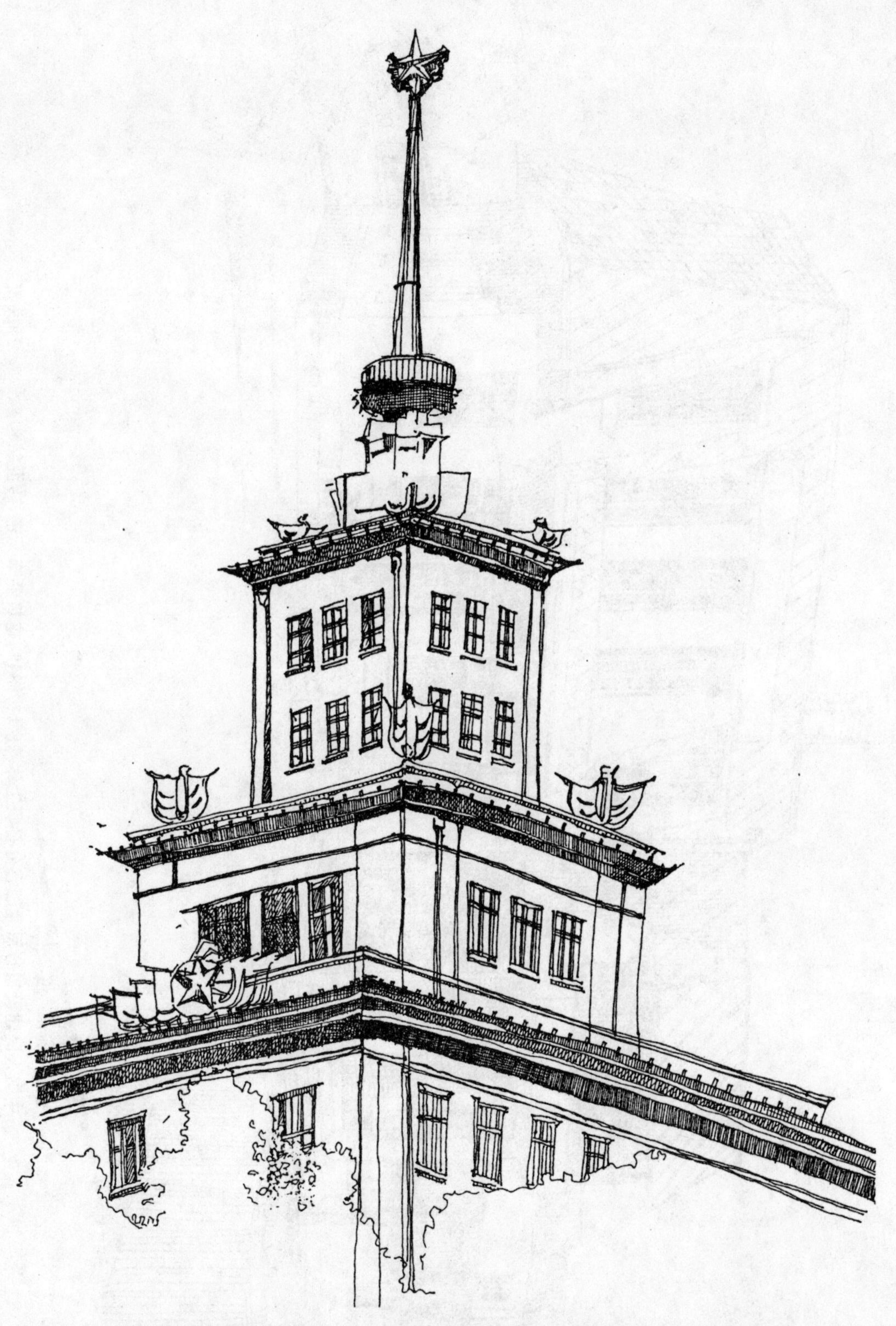

哈尔滨工业大学主楼局部（1965年建，建筑师邓林翰，砖混结构）　孙洪波

中国人民建设银行黑龙江省分行职工休养所(1988建,建筑师李光耀,砖混结构)　　孙洪波

妇女儿童用品商店局部　　陈经纬

公司街32号住宅（砖木结构）　陈曦

红军街38号住宅（原中东铁路理事事务室兼住宅，1908年建，砖木结构）　陈曦

黑龙江省文艺学术界联合会（原图书馆、苏联总领事馆,1924建,砖木结构） 赵秋阳

展览馆　陈曦

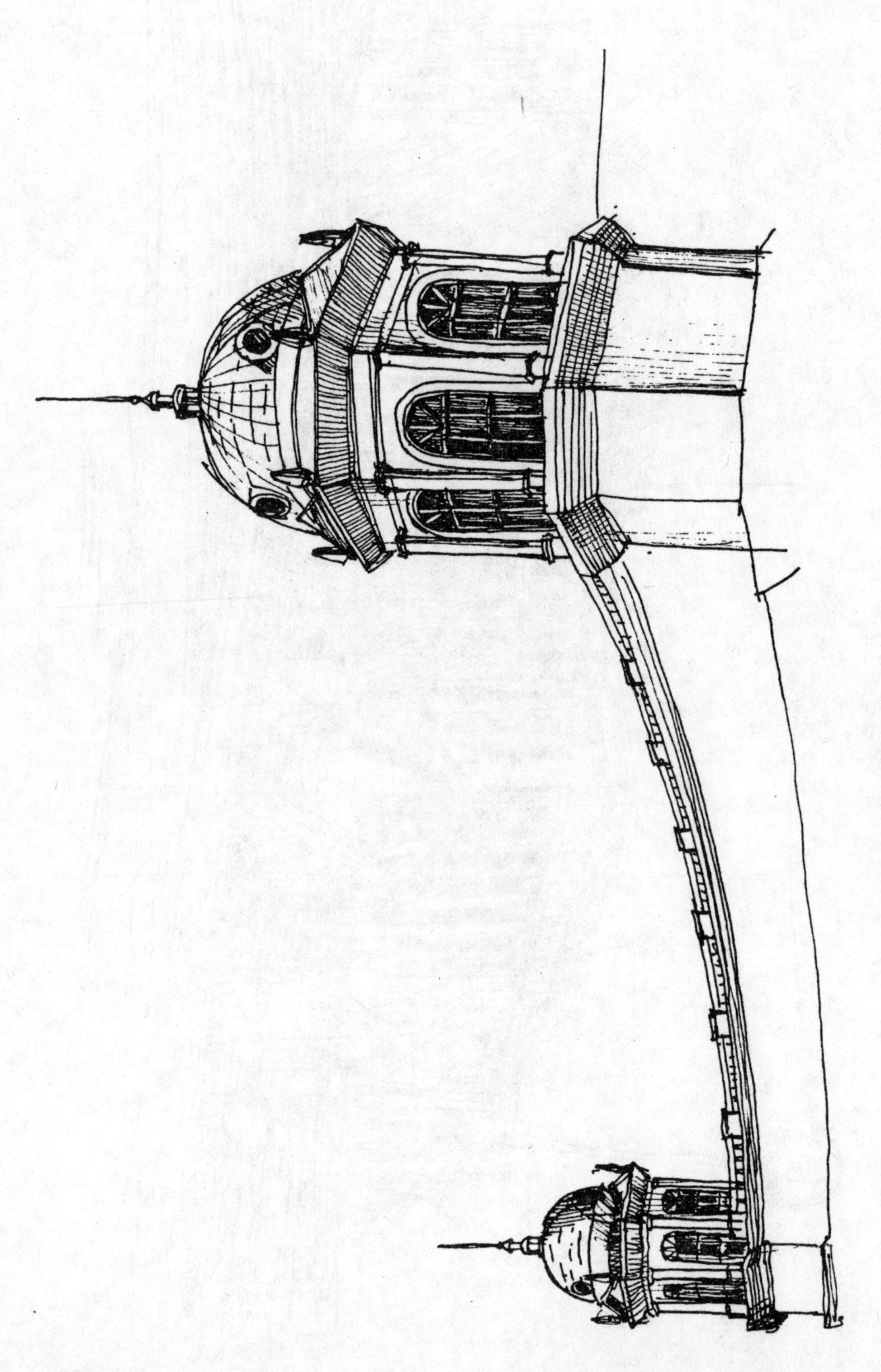

欧式建筑局部　陈曦

文化公园园内建筑一角（原苏侨公墓圣母安息教堂，1908建，砖木结构）　　陈曦

报业大厦　　丁诚

文化公园园内建筑(原苏侨公墓圣母安息教堂,1908建,砖木结构)　　丁诚

哈尔滨工业大学主楼局部　　潘琳

工人文化宫(1953建，建筑师李光耀、胡逸民，砖混结构)　佚名

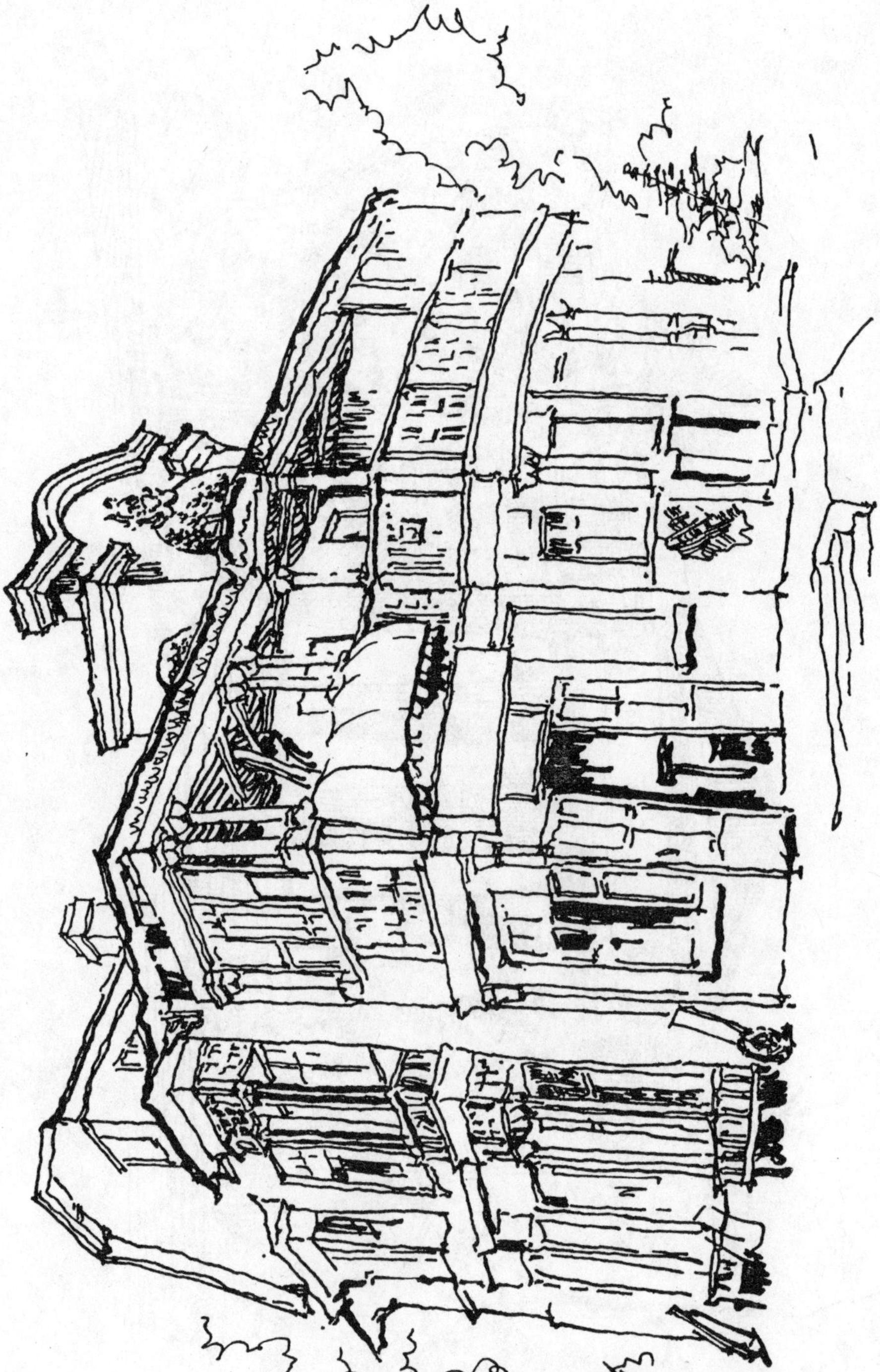

江北渔馆（俄式建筑） 丁诚

黑龙江省文学艺术联合会　陈旸

黑龙江省社会科学学会联合会(原中东铁路局副局级官员住宅,1900建,砖木结构)　曹威

横道河子东正教堂旧址　曹威

公司街32号住宅（砖木结构）　　曹威

哈尔滨工业大学土木楼一角　　曹威

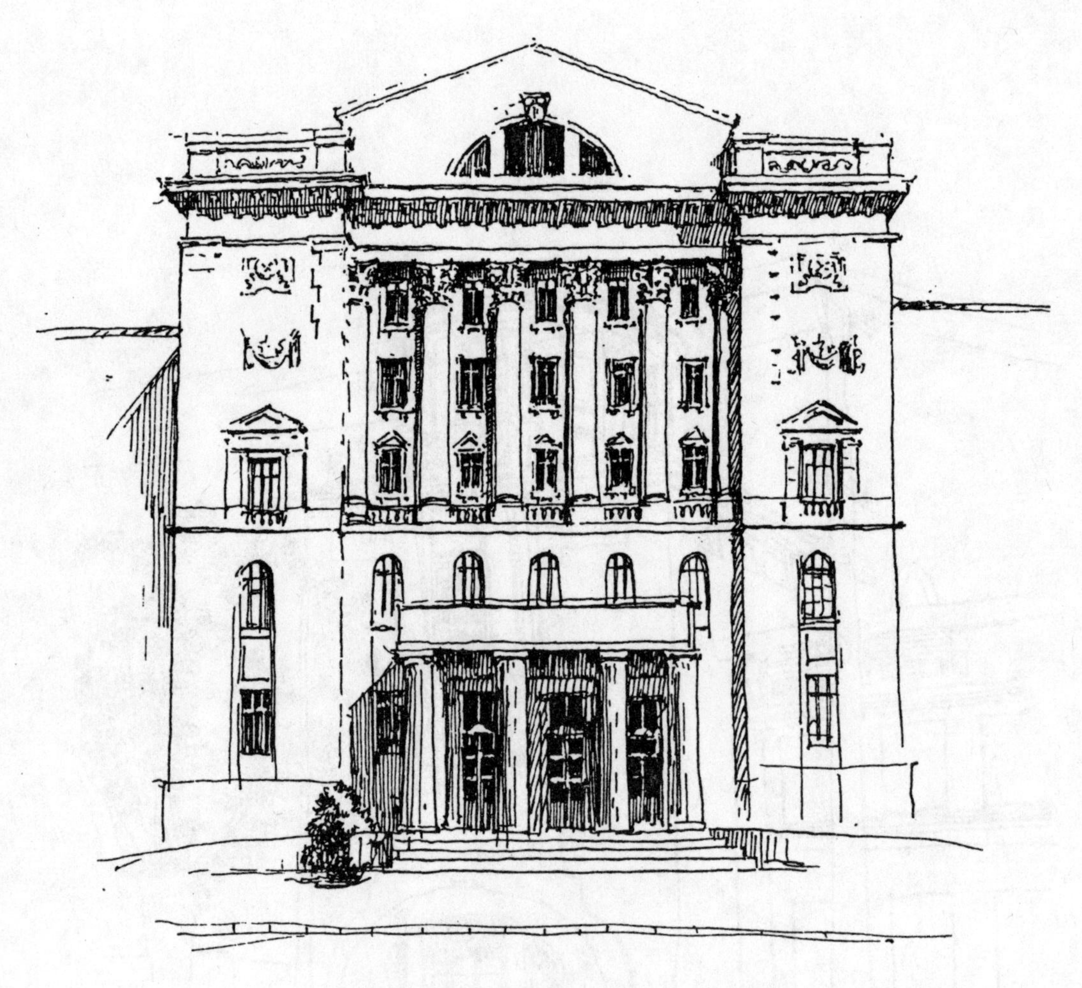

哈尔滨工业大学土木楼正立面　　　高明

哈尔滨工业大学土木楼后立面　　高明

城市现代建筑　高明

哈尔滨工业大学土木楼院内局部　　陈经纬

哈尔滨工业大学土木楼侧门　　陈经纬

哈尔滨工业大学土木楼侧门局部　　陈经纬

住宅局部　　陈经纬

儿童剧场　陈经纬

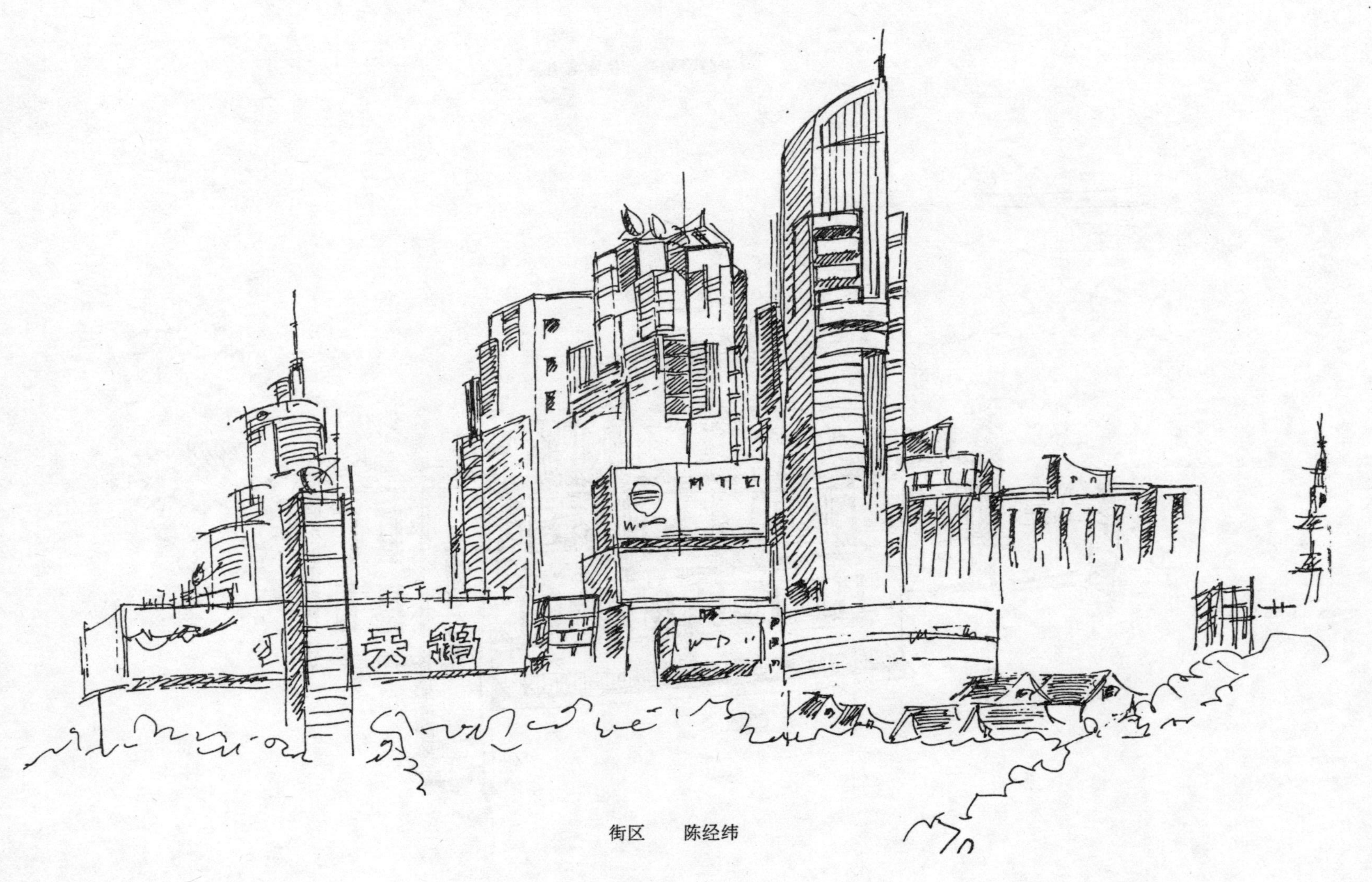

街区　陈经纬

欧式建筑局部　　丁诚

黑龙江省文艺学术界联合会后院(原苏联总领事馆,1924建，砖木结构）　丁诚

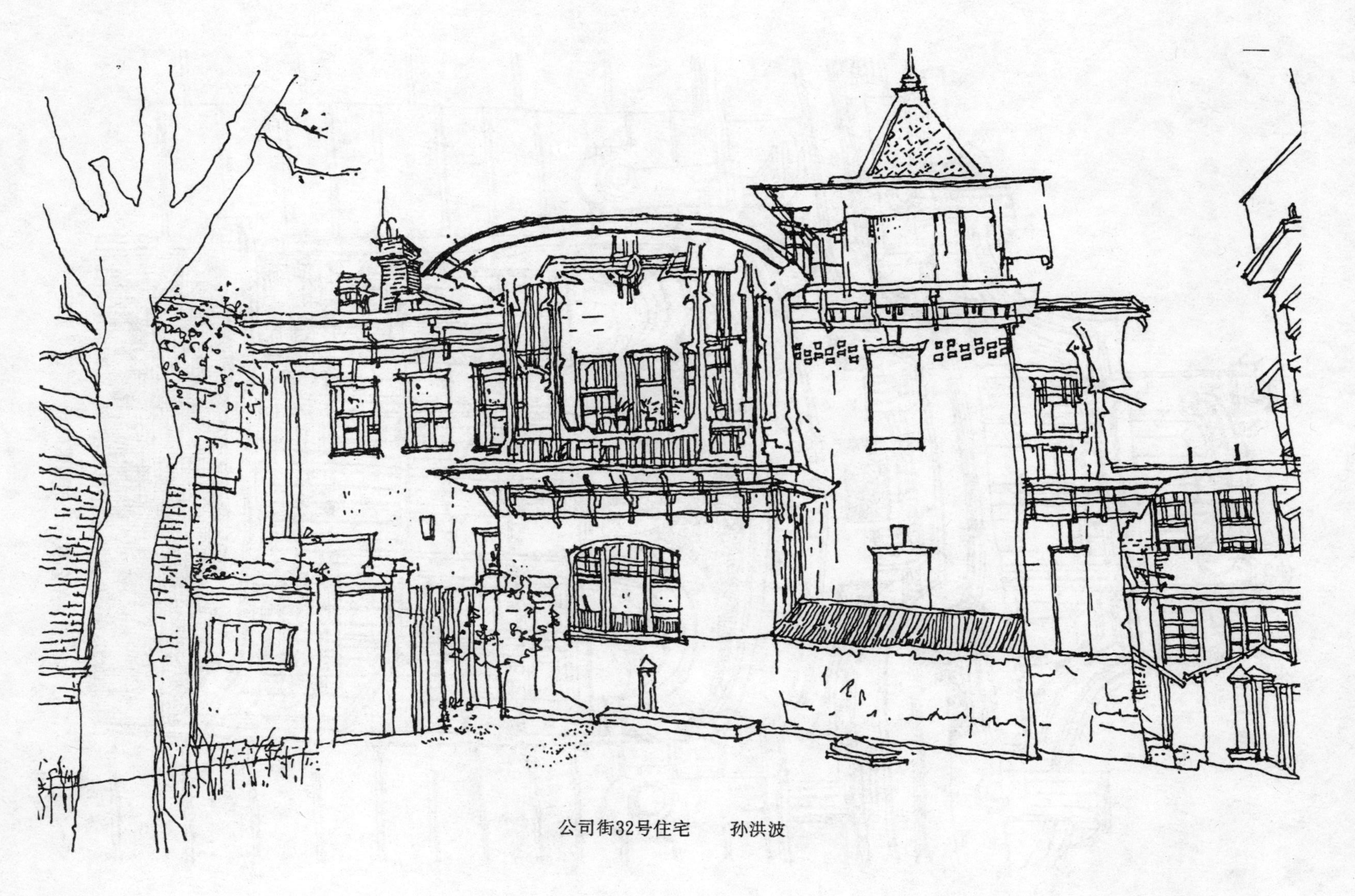

公司街32号住宅　孙洪波

哈尔滨马迭尔宾馆局部　　孙洪波

东北烈士纪念馆　　孙洪波

道里区西五道街37号住宅（原沙俄侨民事务局）　　孙洪波

正门

侧门

哈尔滨市天主教爱国会（原圣阿列克谢耶夫教堂，1930~1935建）　　高明

黑龙江省社会科学学会联合会　　高明

文化公园侧门　　佚名

和平邨宾馆　孙洪波

和平邨宾馆　陈曦

江畔餐厅（1930建，建筑师大谷周造，砖木结构）　　陈经纬

欧式小别墅　孙洪波

欧式小别墅　孙洪波

哈尔滨工业大学土木楼一角　　　佚名

圣索菲亚教堂(1923~1932建,建筑师科西亚科夫,砖石结构)　陈曦

乌克兰教堂(圣母守护教堂,1930建,建筑师吉达诺夫,砖混结构)　　陈曦

圣索菲亚教堂（1923−1932 建，建筑师科西亚科夫，砖石结构）　　连旭

哈尔滨马迭尔宾馆（原法藉犹太人宾馆,1913建，砖混结构）　陈曦

圣索菲亚教堂（1923-1932建，建筑师科西亚科夫,砖石结构） 孙洪波

哈尔滨市天主教爱国会（1930~1935建，砖混结构）　　陈经纬

圣索菲亚教堂（1923-1932建，建筑师科西亚科夫,砖石结构） 李琛

哈尔滨天主教堂局部(1930~1935建,砖混结构)　　陈经纬

圣索菲亚教堂（1923－1932建，建筑师科西亚科夫,砖石结构）　　刘晔

横道河子镇教堂　　陈经纬

住宅局部　　陈经纬

秋林公司局部　　陈经纬

中央大街欧式建筑局部　　陈经纬

欧式建筑局部　　陈经纬

哈尔滨市天主教爱国会(1930~1935建,砖混结构)　孙洪波

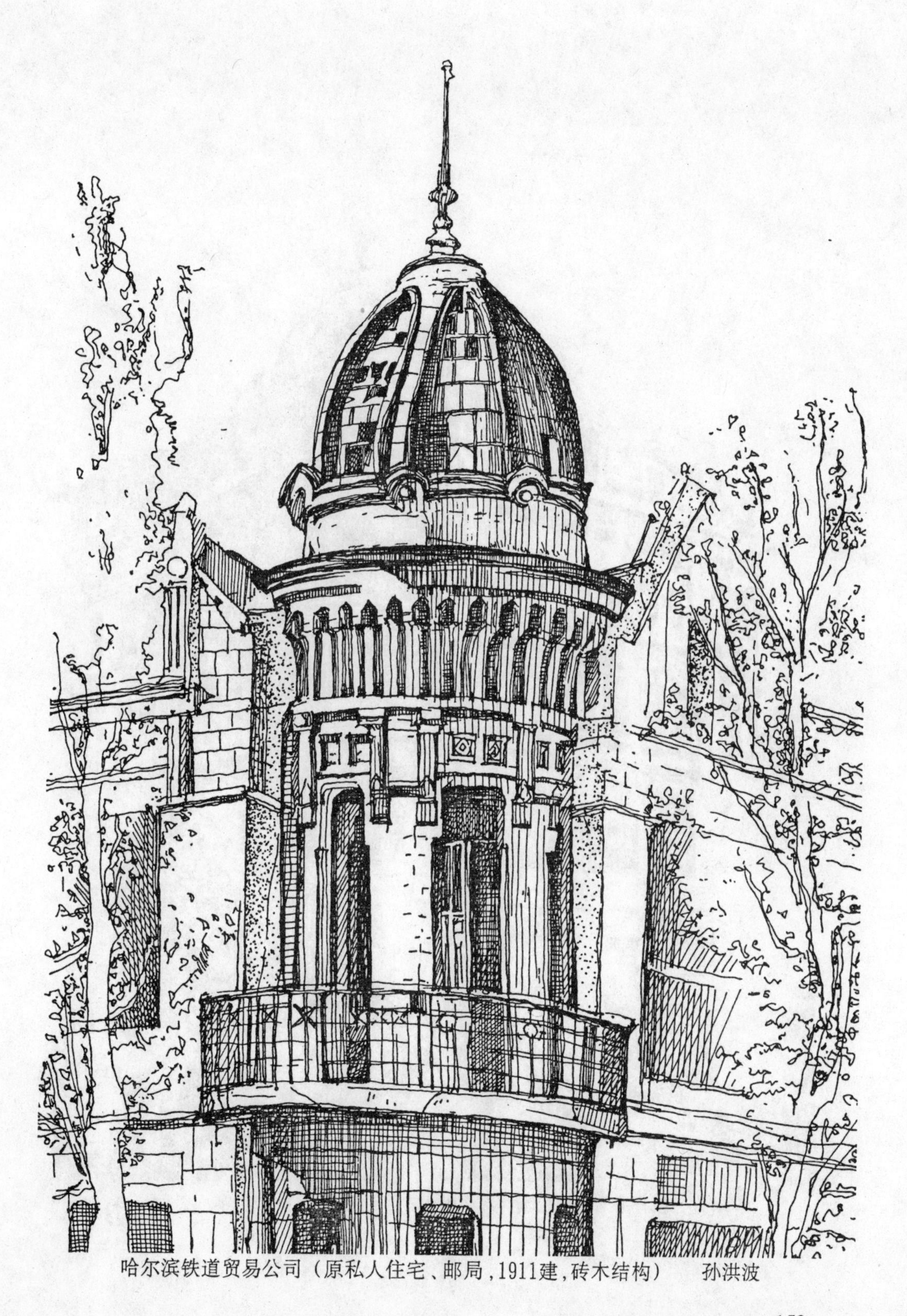

哈尔滨铁道贸易公司（原私人住宅、邮局，1911建，砖木结构）　孙洪波

教育书店（原松浦洋行,1909建，砖混结构）　　兰宇

极乐寺(1924建,砖木结构)　黄巍

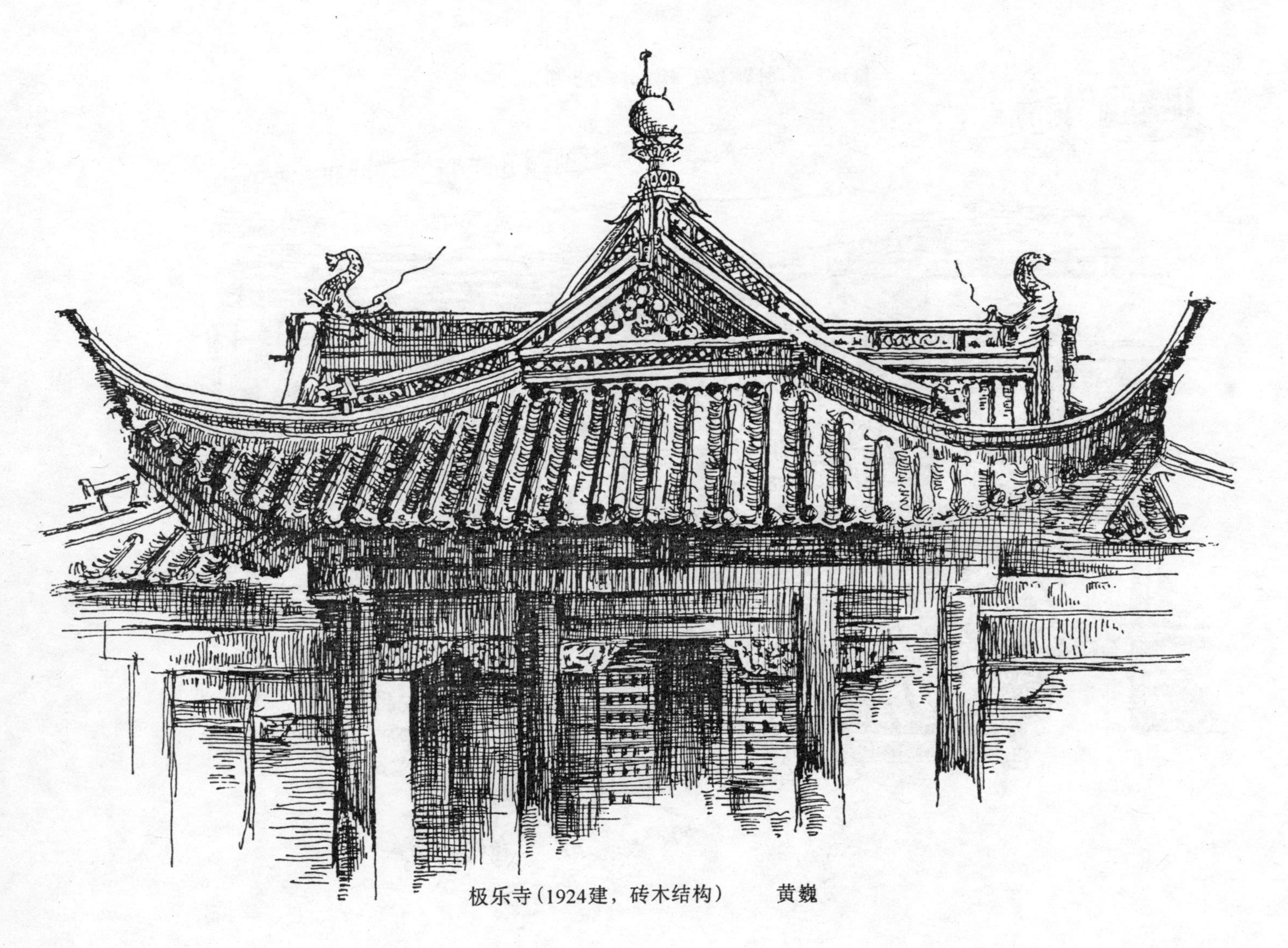

极乐寺（1924建，砖木结构）　黄魏

冬季的荷兰格利宁根“中国园”　杨维

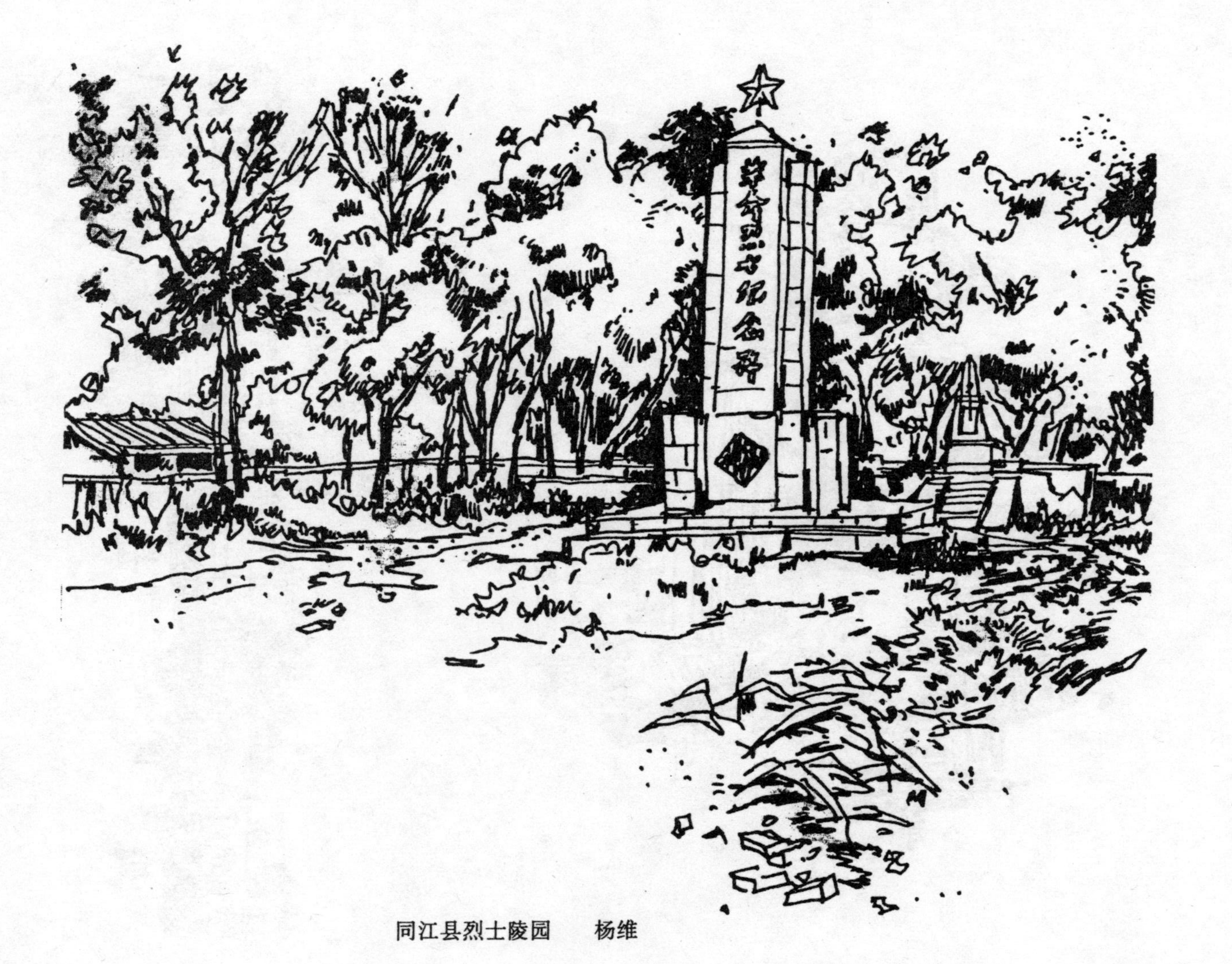

同江县烈士陵园　杨维

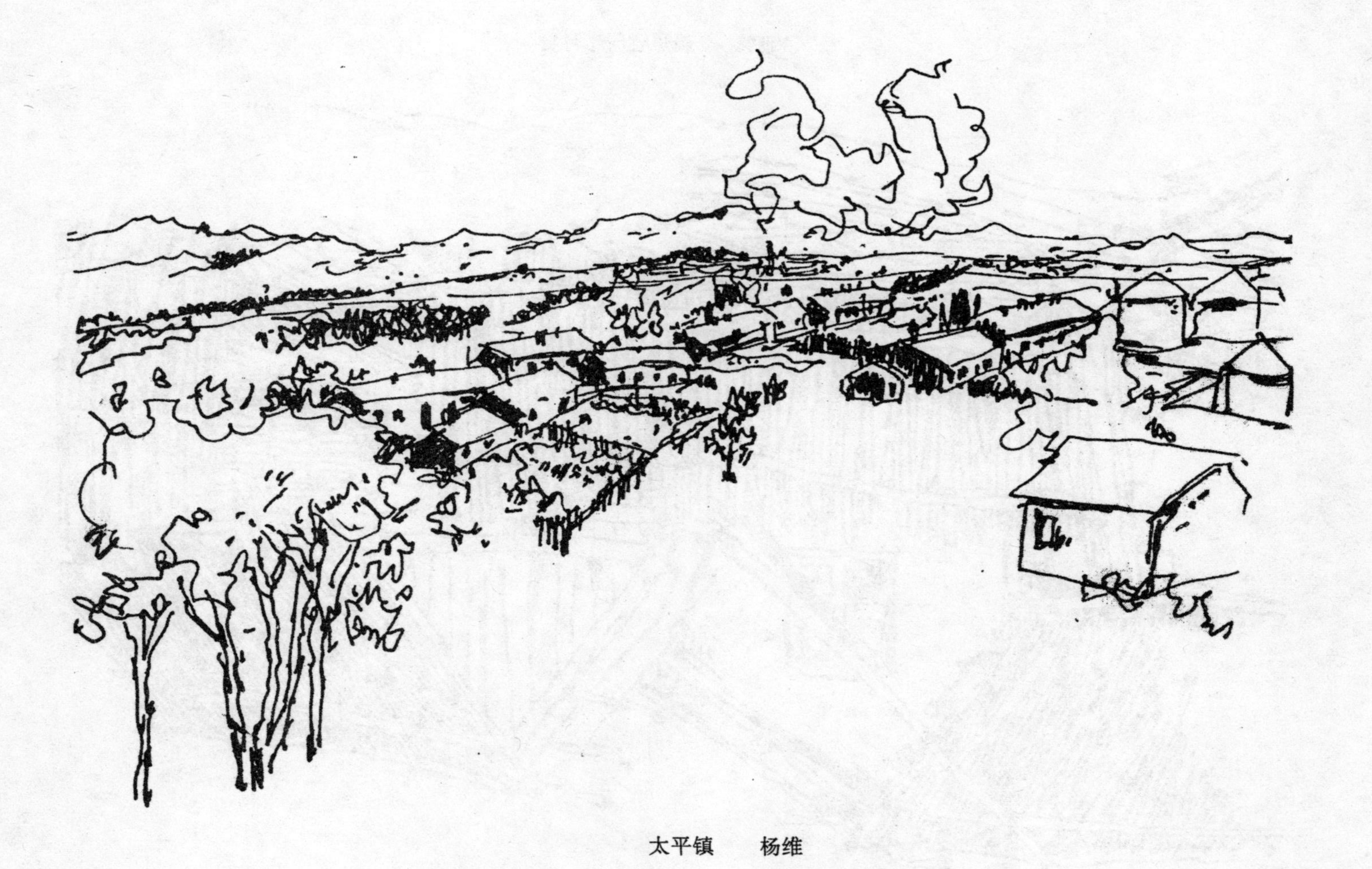

太平镇　　杨维

赫哲人的晒鱼楼　杨维

黑龙江畔的赫哲渔村　　杨维

钻井下套管　　杨维

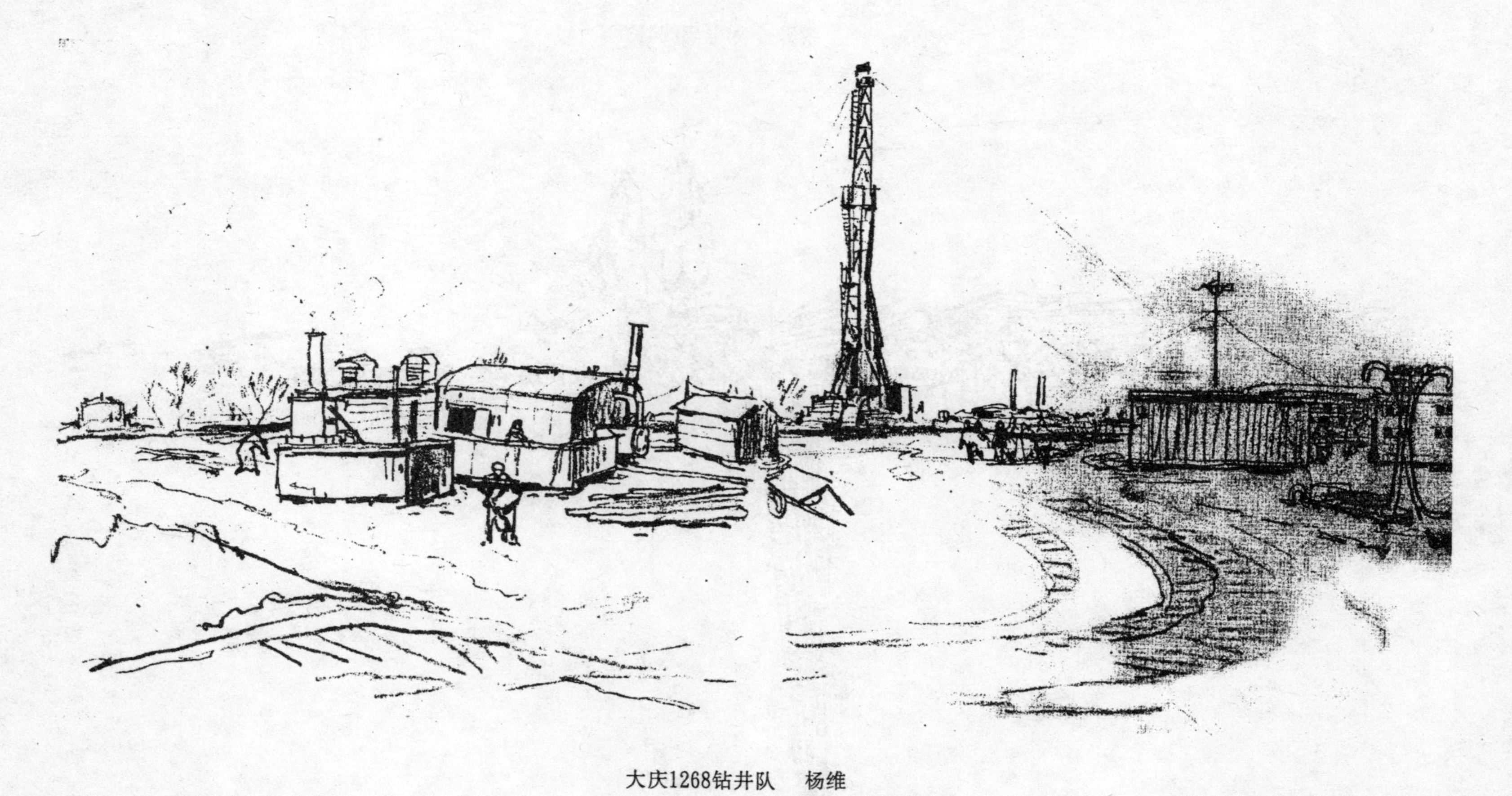

大庆1268钻井队　杨维

大庆1268钻井场　杨维

新开工地　杨维

法国奥兰三奇梯勃里斯凯旋门　　齐康

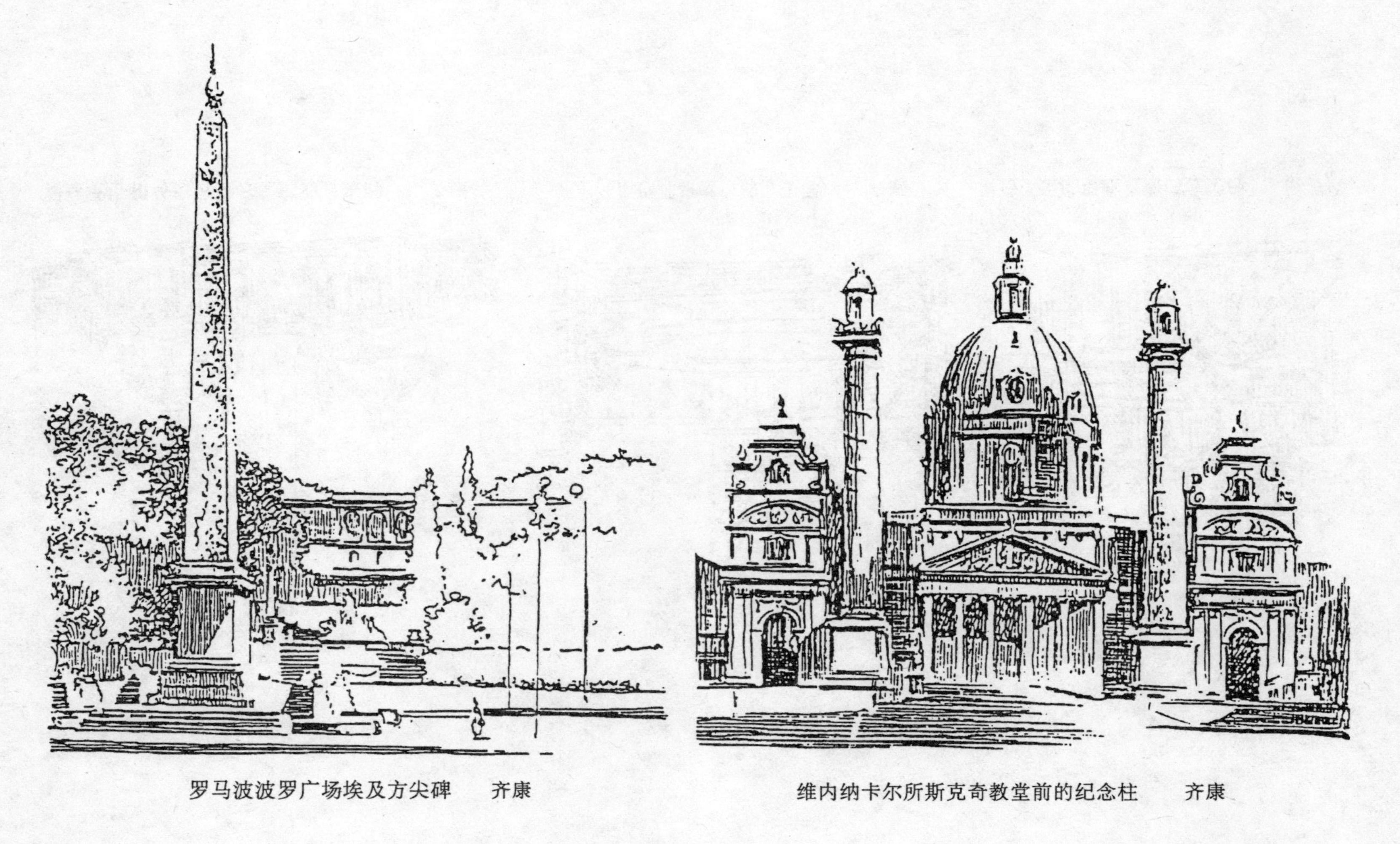

罗马波波罗广场埃及方尖碑　齐康

维内纳卡尔所斯克奇教堂前的纪念柱　齐康

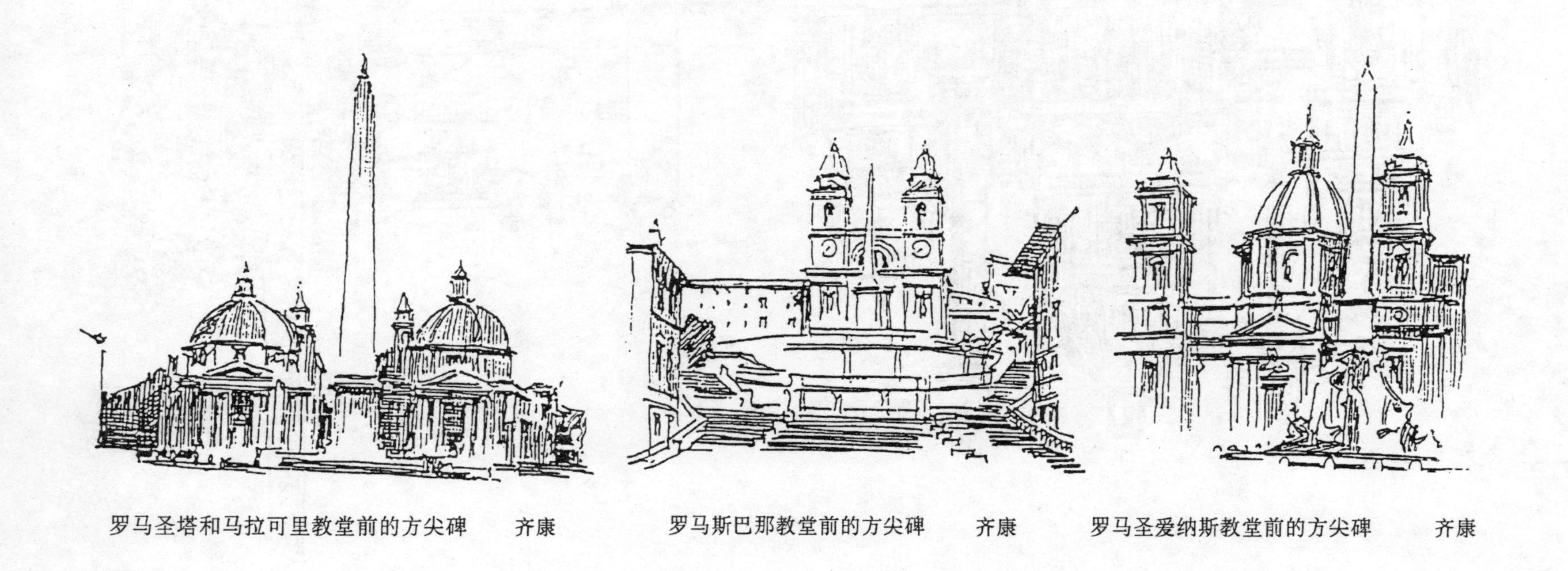

罗马圣塔和马拉可里教堂前的方尖碑　　齐康

罗马斯巴那教堂前的方尖碑　　齐康

罗马圣爱纳斯教堂前的方尖碑　　齐康

莫斯科红场列宁墓　齐康

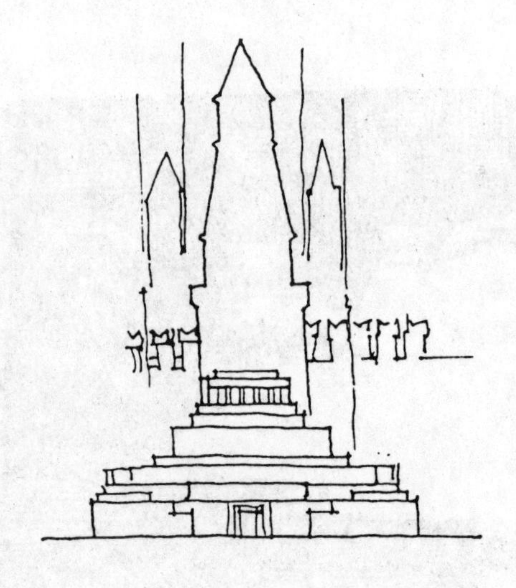

列宁墓　　齐康

北京人民大会堂（1975建）　齐康

武夷山中山堂（1980）　　齐康

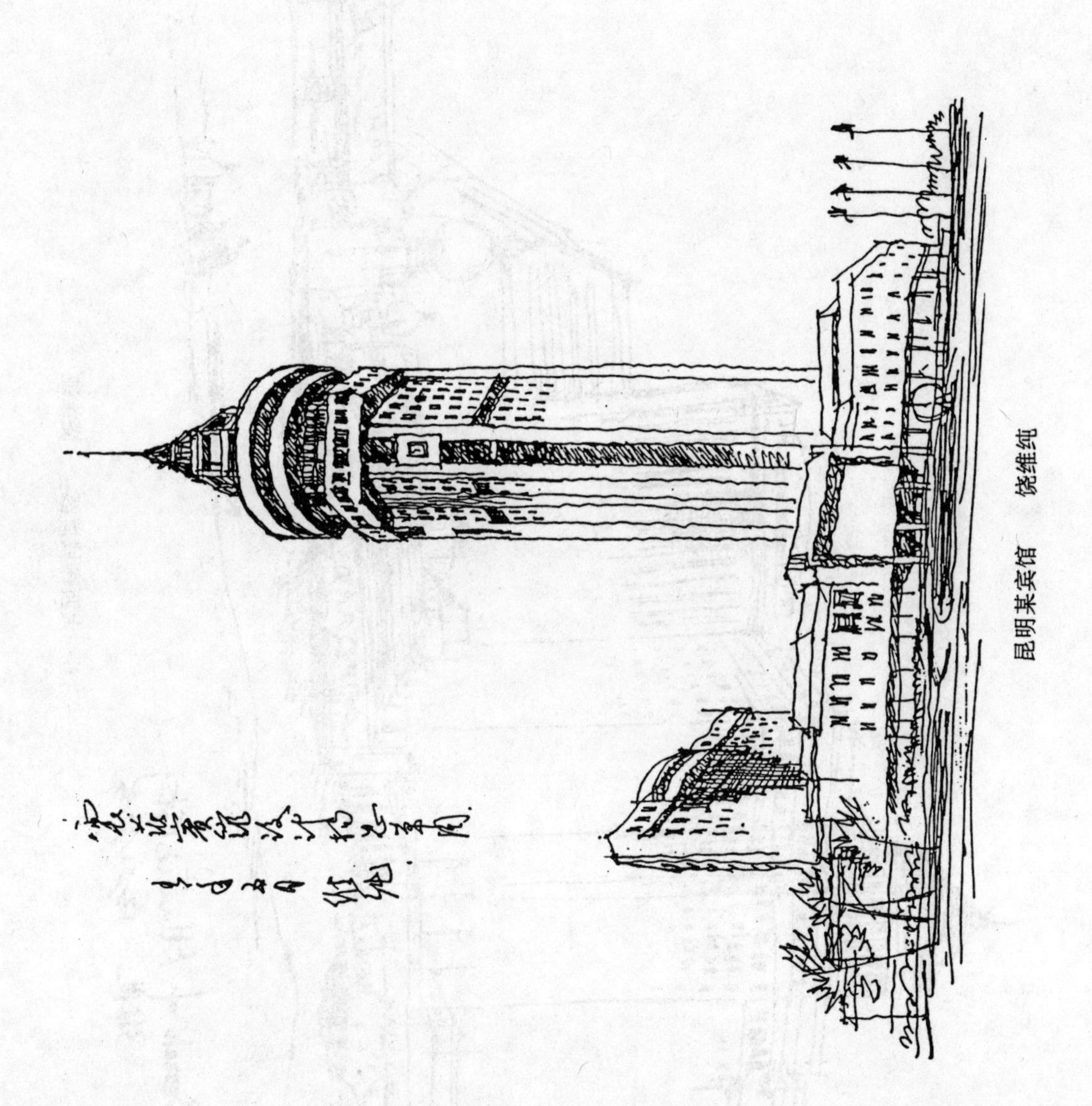

昆明某宾馆　饶维纯

大西洋城海滨　　饶维纯

纽约唐人街一角　饶维纯

纽约唐人街　　饶维纯

曼谷泰王宫　　饶维纯

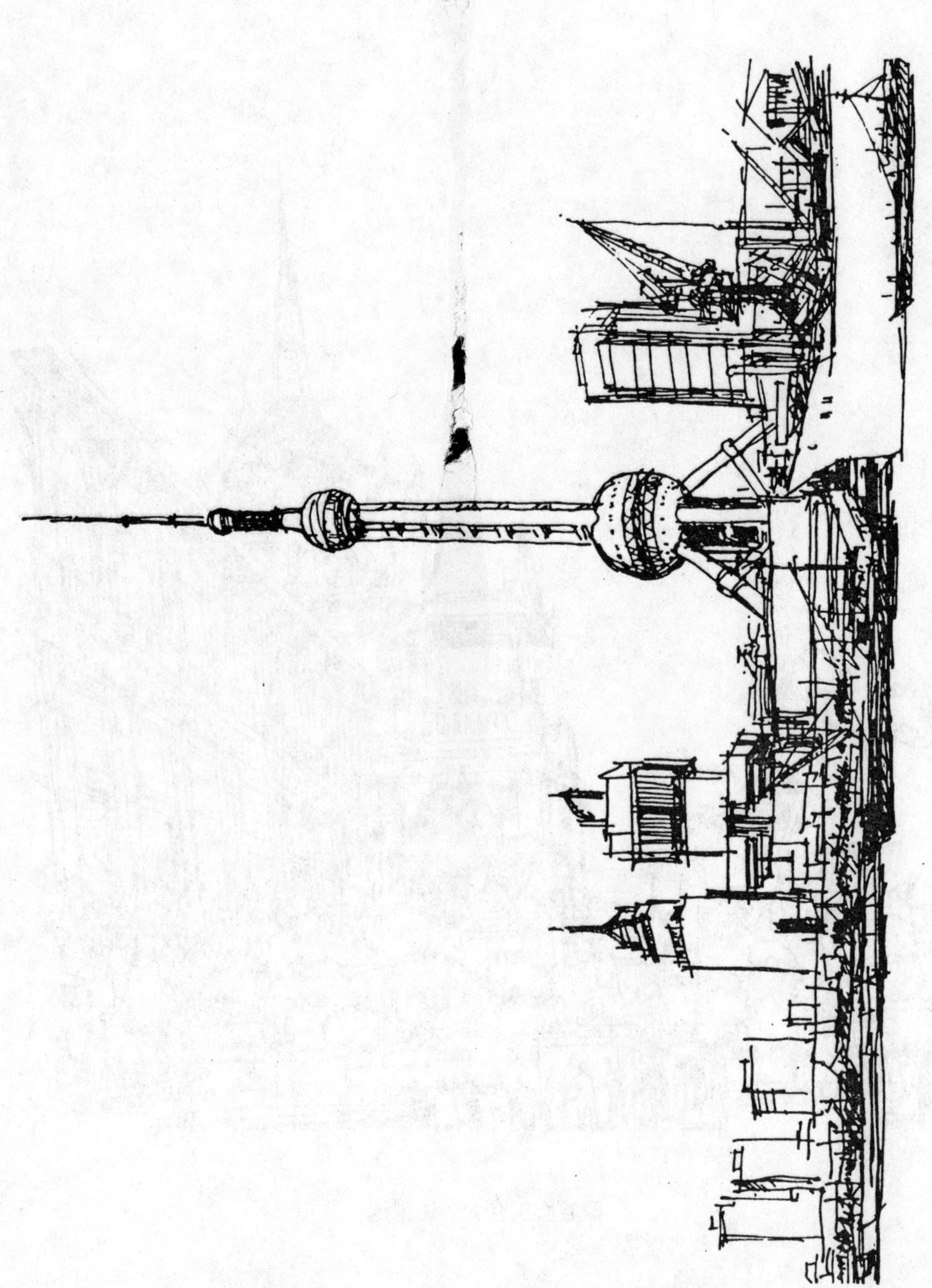

上海东方明珠　饶维纯

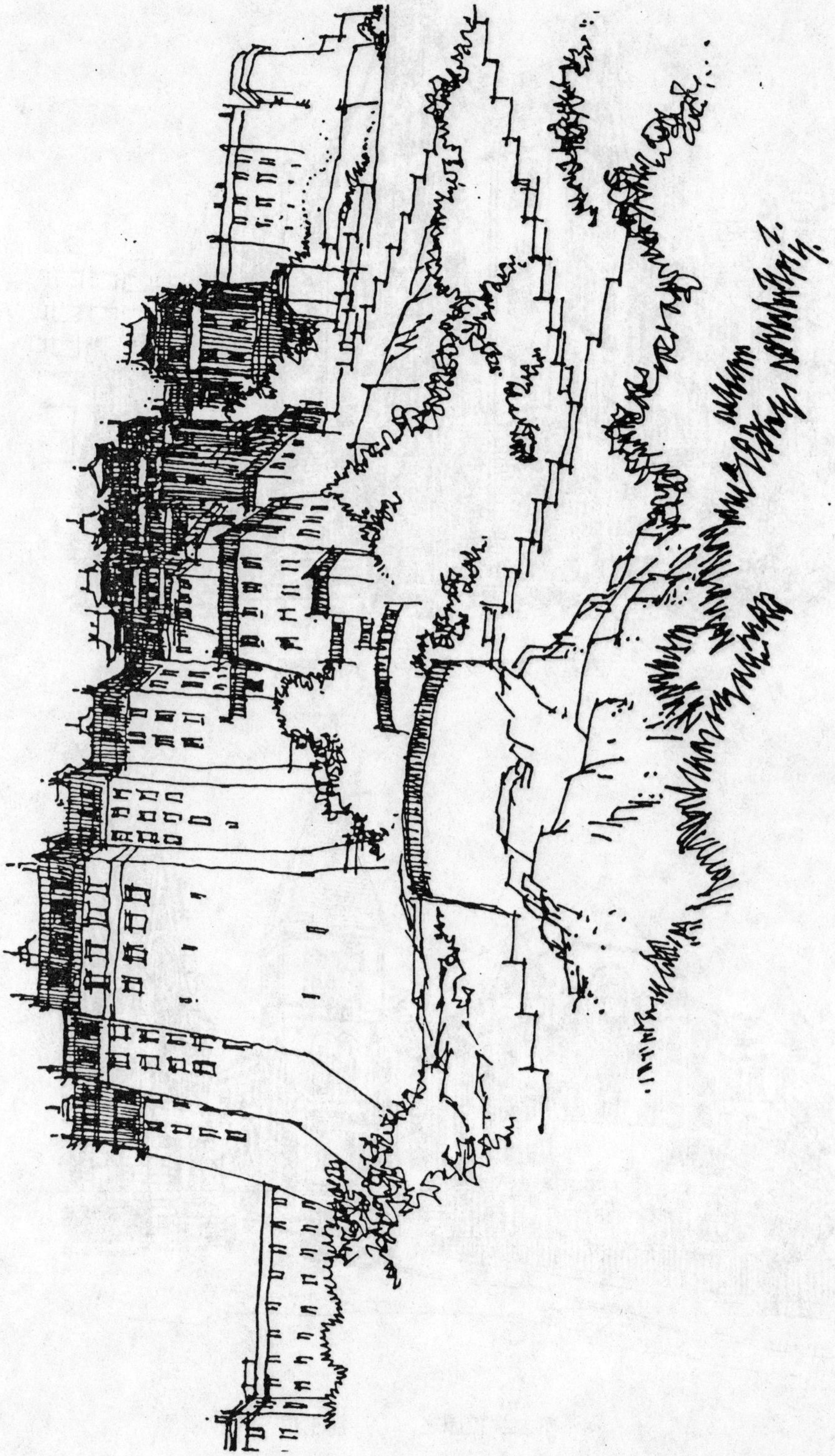

西藏布达拉宫北面　　饶维纯

麦基尔大学校园之一　　潘玉琨

麦基尔大学校园之二　　潘玉琨

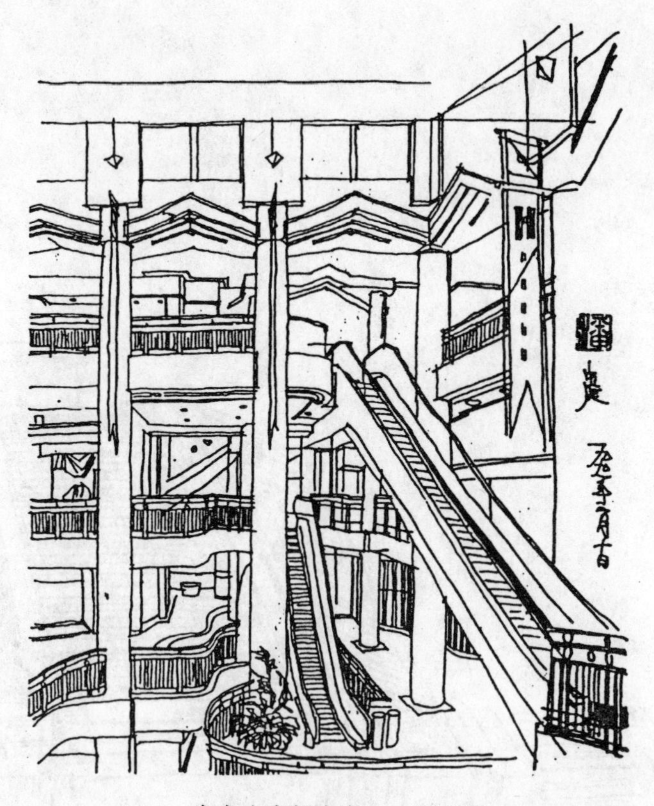

皇家山商场中庭　　潘玉琨

好运广场中庭　　潘玉琨

西山住宅区—教堂　潘玉琨

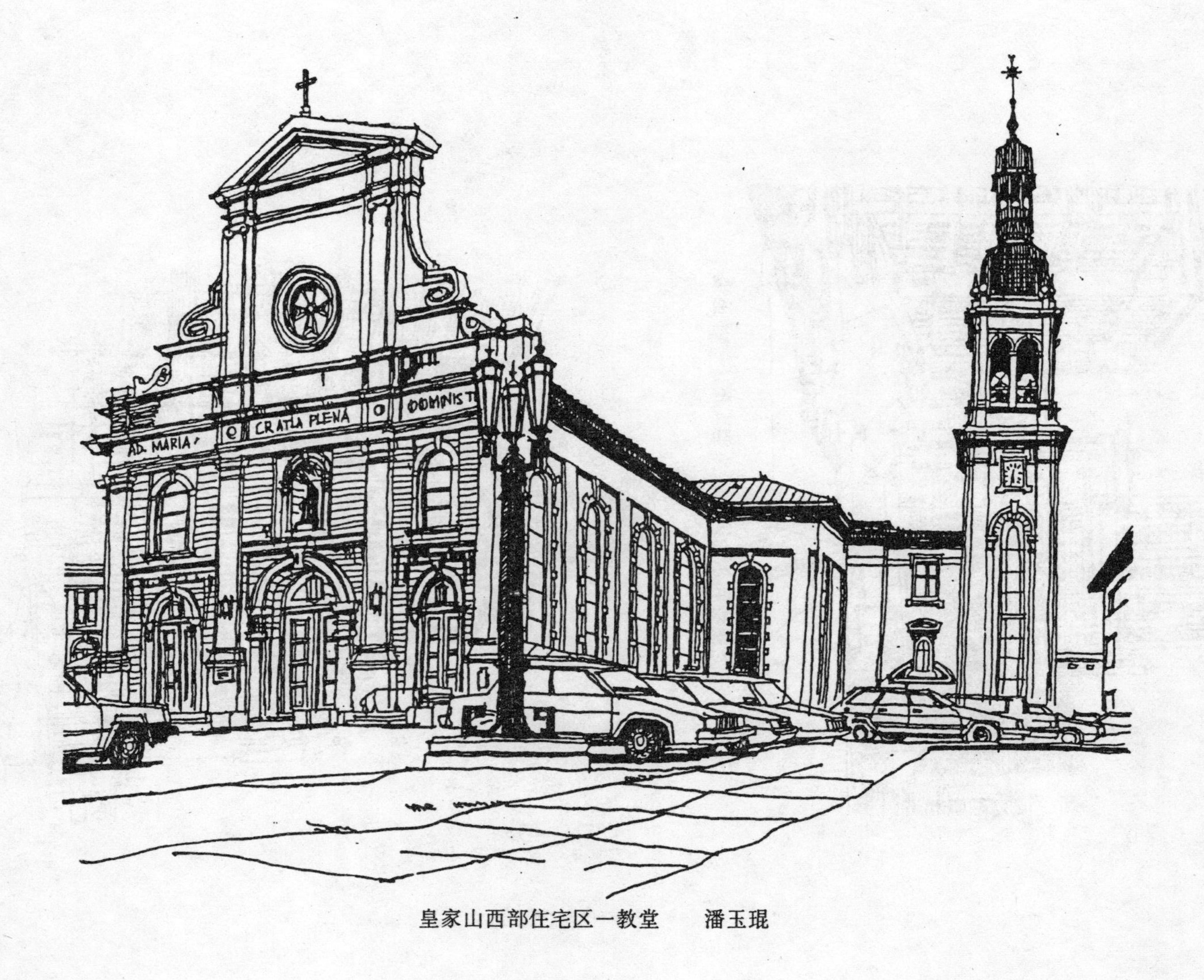

皇家山西部住宅区一教堂　潘玉琨

屹立于老蒙特利尔的阿尔特来德大厦　　潘玉琨

老蒙特利尔街景　　潘玉琨

维格旧火车站酒店　　潘玉琨

皇家山下的高层建筑　　潘玉琨

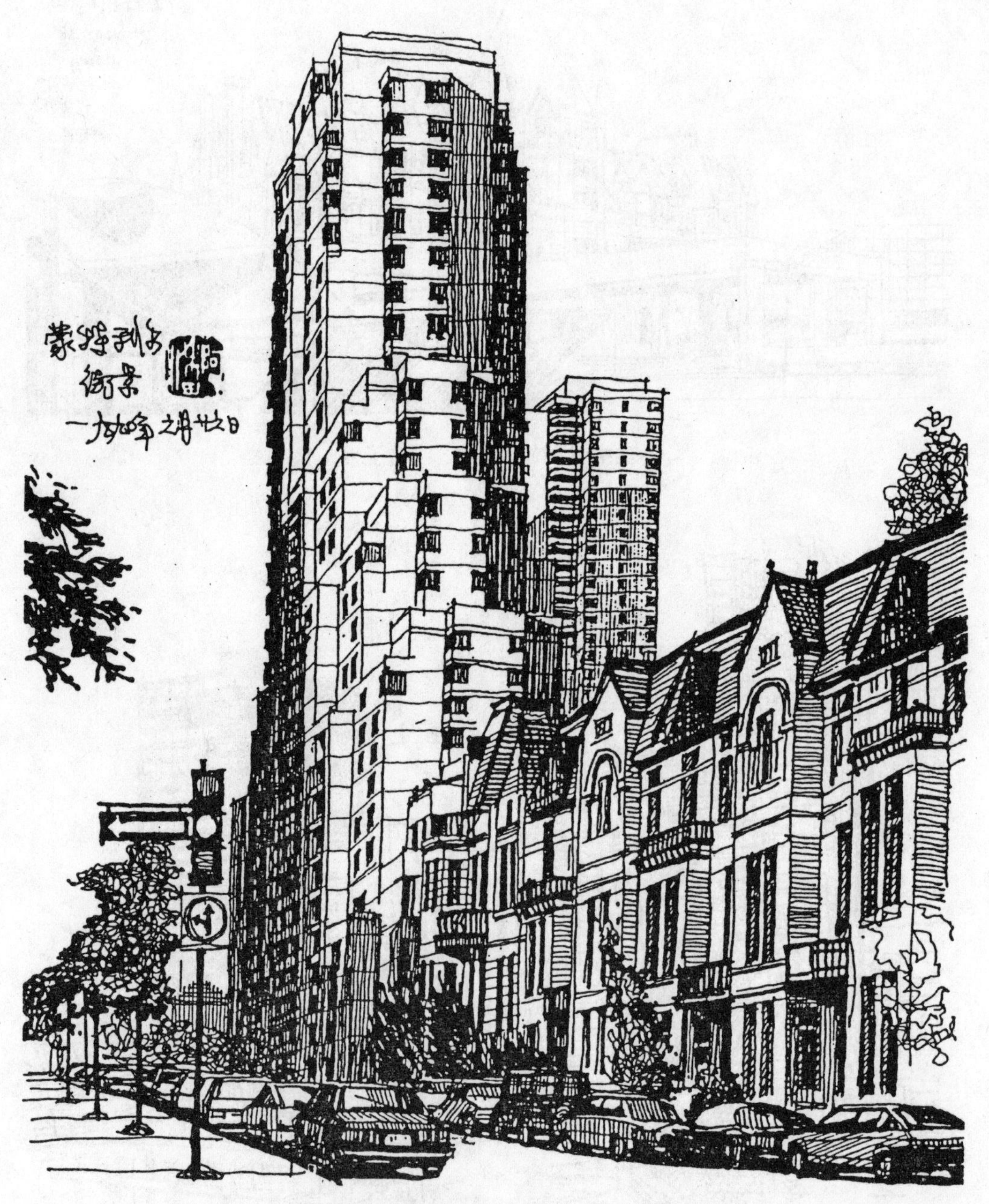

市内住宅和城市综合体　　潘玉琨

多美宁广场景色　　潘玉琨

BASILICA CHURCH

OF

ST. PAUL

ROME.

圣保罗巴西里卡式教堂（罗马）　　梁思成

奖杯亭（希腊雅典）　　梁思成

圣彼得马尔蒂雷教堂的礼拜堂（米兰）　梁思成

文得拉米尼府邸（威尼斯）　　梁思成

SA. MARIA NOVELLA.

FLORENCE.

新圣玛利亚教堂（佛罗伦斯）　梁思成

SCUOLA DI S MARCO.

VENICE

-(CICOGNARA)-

圣马可学校（威尼斯）　梁思成

参 考 文 献

1 姚波著.建筑风景铅笔画法.太原:山西人民美术出版社,2001
2 姜桦,周家柱编著.速写.西安:陕西人民美术出版社,2001
3 常怀生编著.哈尔滨建筑艺术.哈尔滨:黑龙江科学技术出版社,1990
4 何重礼,邓淑民.风景画写生基础和速写.北京:中国建筑工业出版社,1992
5 赵虎.梁思成建筑画.天津:天津科学技术出版社,1996
6 齐康,姜桦编著.建筑画境.大连:大连理工大学出版社,1998
7 潘玉琨编著.潘玉琨建筑画选 .北京:中国建筑工业出版社,1988
8 饶维纯著.建筑速写.昆明:云南科学技术出版社,1997
9 [美]诺曼·克罗,保罗·拉塞奥著.建筑师与设计师视觉笔记.吴宇江,刘晓明译.北京:中国建筑工业出版社,1999

建筑·艺术设计丛书

书名	作者	定价
建筑速写(第三版)	杨 维	22.00
建筑设计基础	周立军	28.00
装饰雕塑	王 琳 乐大雨	22.00
中国美术史	杨 维 林建群	26.00
外国美术史	吕勤智 杨 维	25.00
经典建筑立面	林建群 杨 维	38.00
造型艺术基础训练任务书及图例(一)	杨 维 孔繁文 韩振坤	28.00
室内空间环境设计思维与表达	赵晓龙 邵 龙 李玲玲	22.00

书名	作者	定价
城市地下空间建筑	耿永常 赵晓红	18.00
城市学(修订版)	唐恢一	25.00
规划建筑法规基础	吴松涛	16.00